Friedrich Schultheis & Alexander Marx
Der Bau des Ludwigs-Kanal

edition.epilog.de

Das Kanal-Monument bei Erlangen.

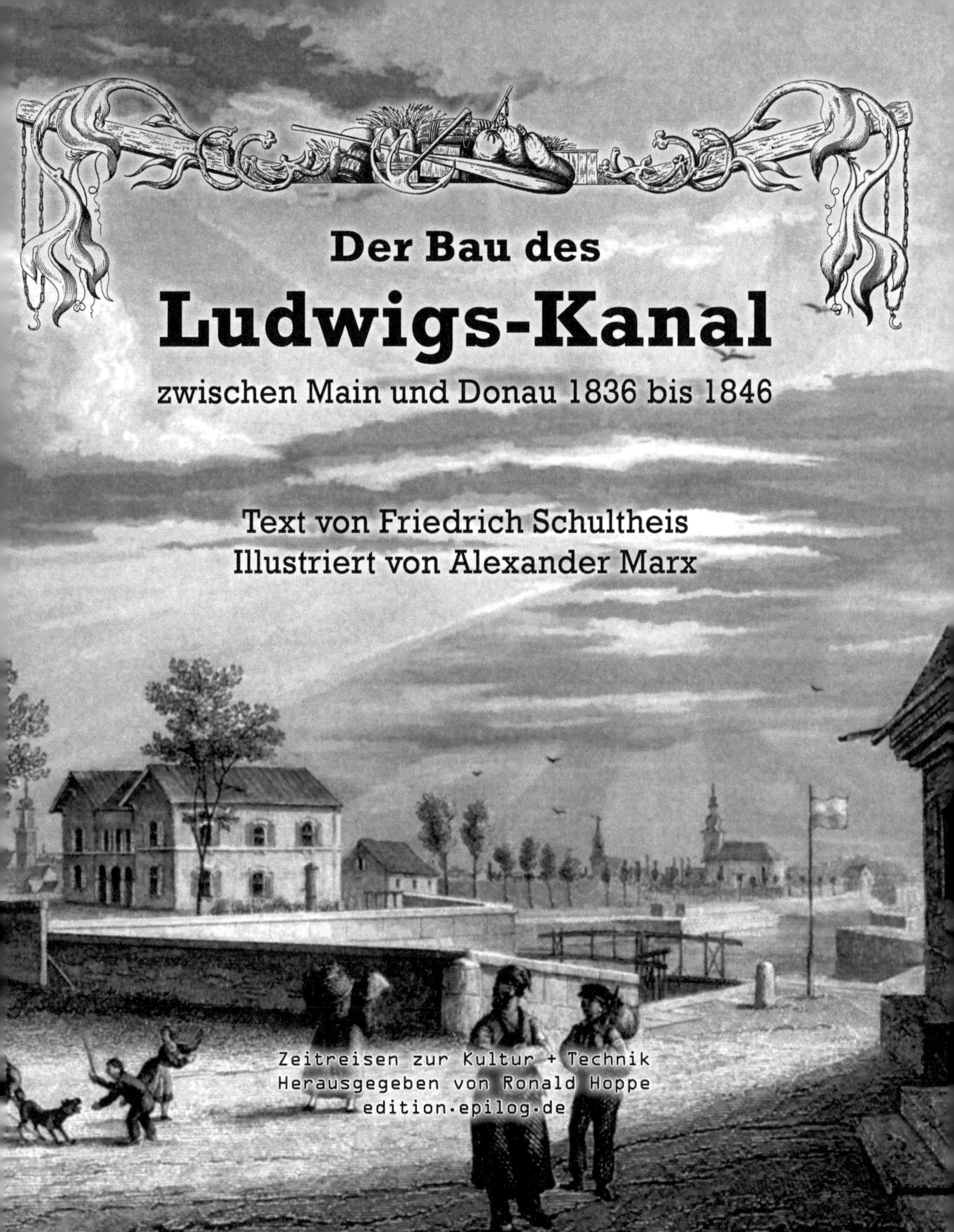

Der Bau des
Ludwigs-Kanal

zwischen Main und Donau 1836 bis 1846

Text von Friedrich Schultheis
Illustriert von Alexander Marx

Zeitreisen zur Kultur + Technik
Herausgegeben von Ronald Hoppe
edition-epilog.de

Bibliografische Information der Deutschen Nationalbibliothek:
Die Deutsche Nationalbibliothek verzeichnet diese Publikation
in der Deutschen Nationalbibliografie; detaillierte bibliografische
Daten sind im Internet über http://dnb.dnb.de abrufbar

Der Text und die Illustrationen erschienen erstmalig 1847.
Für diese Neuausgabe wurde der Originaltext in die aktuelle
Rechtschreibung umgesetzt und behutsam redigiert.
Die Maße wurden in das metrische System umgerechnet.

Ausgewählt, redigiert und gestaltet von Ronald Hoppe
Herstellung und Verlag: BoD – Books on Demand, Norderstedt

ISBN: 978-3-7386-4028-1

Ein Blick aus die Karte Deutschlands zeigt, wie günstig dem Handel und Verkehr eine nautische Verbindung der schönsten und größten Ströme Europas, des Rheins mit der Donau, ist, und welche verhältnismäßig kleine Landstrecke zwischen dem Main und der Donau liegt. Auf diesem Weg allein lässt sich eine den Orient mit dem Okzident verbindende Wasserstraße herstellen, die durch das Herz Europas ziehend von der Mündung der Donau bis zu dem Ausfluss des Rheins eine Länge von 3580 km umfasst. Es war unseren Tagen vorbehalten, einen Plan zur Reife zu bringen, welcher durch die Ungunst der damaligen politischen Zustände, mehr aber noch durch den Mangel an technischen Kenntnissen scheiterte, und den man lange als ein unausführbares Projekt zu betrachten gewohnt war.

Noch sind deutliche Überreste von dem Versuch des tatkräftigen Kaisers Karls vorhanden, man sieht an den aufgeworfenen Dämmen und dem etwa 1500 m langen Graben, wo die Arbeit begann und wo sie endete. Vor mehreren Jahren bestand die ganze *fossa Carolina*, auch *fossa Caroli Magni* genannt, aus einer Reihe terrassenförmig sich erhebender kleiner Teiche, die aber von dem Besitzer dieser historisch so merkwürdigen Gegend, dem Grafen von Pappenheim, trocken gelegt und in Wiesen verwandelt wurden. In der Nähe der alten Reichsstadt Weißenburg bei dem Dorf Graben, das wahrscheinlich Namen und Ursprung dem Unternehmen des großen Kaisers verdankt, beginnt der Karlsgraben etwa 200 m von der südlich vorbeifließenden Altmühl. Dort hat sich ein Teich gebildet, der gegen das Dorf sich kehrend sein Wasser aus einem Arm der Rezatquelle empfängt, er zeigt ganz deutlich, wie der Kanal werden sollte. Bei 1,75 m Tiefe ist er an der Oberfläche 17½ – 20½ m breit und an 150 m lang, sein Wasserspiegel ist 6½ m über den der Altmühl erhaben. Auf welche Weise nun die Baukundigen jener Zeit diese durch die natürliche Lage sich bietenden Schwierigkeiten beseitigen wollten, ist eine kaum zu lösende Frage. Denn die Annahme, dass das Bett der Altmühl damals höher lag, (der Fluss müsste demnach damals über 6 m höher gewesen sein, als jetzt) ist leicht widerlegt, indem die dort noch sichtbaren Überreste römischer Ansiedelungen aus viel früherer Zeit bis an das flache Ufer des Flusses sich erstrecken und notwendig, wäre der erwähnte Umstand richtig, tief unter dem Wasser gestanden haben müssten, was ganz unwahrscheinlich ist. Um die Verbindung dieser tiefsten Stelle des Karlsgraben mit der Altmühl herzustellen, hätte man entweder einen viel tieferen bis in die Gegend von Weißenburg zu führenden Durchschnitt ziehen oder dies durch eine großartige Schleuse bewirken müssen; Mangel an Wasser wäre jedenfalls vorhanden gewesen, da der einmündende Arm der Rezat zu schwach ist. Nach der Anlage zu schließen, konnte der Kanal die größten Stromschiffe tragen, doch sind die einzelnen Abteilungen untereinander nicht verbunden und wie die schwäbische Rezat, auf welche bis Pleinfeld kein Kahn fahren kann, schiffbar gemacht werden sollte, mochten die wissen, welche, wie der Geschichtsschreiber und Zeitgenosse Eginhard in seinen Annalen berichtet, den Kaiser für die Ausführung der Idee gewonnen hatten. Die Nachricht, dass er auf dem Kanal von Regensburg nach Würzburg gefahren sei, ist auf keinen Fall wahr, denn Eginhard erwähnt davon nichts und dann widerlegt sie augenscheinlich der jetzige Zustand des Grabens. Ebenso wenig kann man annehmen, dass Karl bei der Anlage des Kanals an Handelsspekulationen gedacht habe. Das Wahrscheinlichste ist, dass er eine ununterbrochene Wasserstraße bis zum Rhein herstellen wollte, um auf dieser dem Heer die nötigen Lebensmittel für den beabsichtigten Feldzug nach Pannonien nachführen zu können. Die Ausführung dieses großen Unternehmens, über dessen Möglichkeit er sich täuschte, gab seinem aus mehreren Völkerschaften zusammengesetzten Heere Beschäftigung, und er fand Gelegenheit, dasselbe in der Nahe der feindlichen Awaren beisammen zu behalten.

Der König kam – wie der erwähnte Geschichtsschreiber erzählt – mit seinen Scharen zu dem Ort, welcher durch die Nähe der beiden großen Flüsse als der für das Unternehmen passendste erschien, denn er wollte die Altmühl mit der Rednitz verbinden, die Rezat besitzt dort in einer Ausdehnung von rund 40 km ein Gefälle von 5 cm und ist nur ein mäßiger Bach, die Rednitz ist nur ein unbedeutendes Wässerlein. Eine Menge Menschen wurden für die Arbeiten verwendet, welche den ganzen Herbst durch andauerten. Karl, der vom Herbst 792 bis 793 in Regensburg seinen Wohnsitz aufgeschlagen hatte, war selbst zugegen und trieb seine Krieger zum Eifer an, doch schienen alle widrigen Umstände sich gegen die Ausführung des Plans vereinigt zu haben. Der Boden war durch die häufigen Regengüsse schlammig geworden, ohnehin bildete die ganze nähere Umgegend einen ungeheuren Sumpf, dessen letzter Überrest, das sogenannte Ried, erst im 17. Jahrhundert ausgetrocknet wurde. Das, was man den Tag über ausgegraben und aus den Seiten zu Dämmen aufgeworfen hatte, rutschte in der Nacht wieder herab in den Graben, dazu kam noch die ungestüme Witterung, ja einige Annalisten berichten von gräulichen Erscheinungen und Spuckgestalten, welche unter bangemachendem Getöse den Graben wieder mit Erde und Schlamm anfüllten. Eine Hungersnot riss ein, obgleich Getreide und Futter in Menge vorhanden war, denn dieses verdarb dem Vieh unter den Füßen, das aus jenem gemachte Mehl verschwand den Soldaten unter den Händen.

Doch alle diese Hindernisse, deren wahren Grund Karl vielleicht ahnte, hätten den kühnen Kaiser von der Vollendung des begonnenen Unternehmens nicht abgeschreckt, wären nicht zu gleicher Zeit zwei, seine ganze kriegerische Tätigkeit in Anspruch nehmende Nachrichten eingetroffen. Die vom früheren Aufstande kaum bekämpften Sachsen hatten im Norden wieder zu den Waffen gegriffen, und im Süden wurde sein Reich durch den Einfall der Sarazenen beunruhigt. Gerne verließ das Heer das begonnene, allem Vermuten nach mit nicht gar großer Lust geführte Werk, an dessen Fortsetzung man später nicht mehr dachte, und so blieb denn der Karlsgraben in dem Zustand, wie wir ihn noch heutzutage sehen.

Beim Dorf Graben erheben sich zwei an 9 m hohe Erddämme, sie laufen an 260 m lang in ziemlich gerader Richtung gegen Norden, werden bald niedriger und verlieren sich in der Nähe des Marktfleckens Dettenheim. Der Punkt, wo sich die Quelle der schwäbischen Rezat in zwei Arme teilt, von denen der eine nach Weißenburg, der andere südlich nach Graben der Altmühl sich zuwendet, ist 300 m davon entfernt. Die Dämme, welche an einzelnen Stellen mit Nadelholz bewachsen sind, wurden von der ausgestochenen Erde gebildet, sie fassen den Graben ein, der in der Tiefe 14½ – 17½ m misst, oben aber viel weiter auseinandergeht. Auf der Nürnberg-Augsburgerstraße von Weißenburg bis Tettenheim sind sie überall sichtbar.

Aus einer Stelle Eginhards ersieht man, dass der Kanal unvollendet blieb und nur 580 m lang war, doch ist seine Angabe von 90 m Breite viel zu groß. Die Böschungen der hohen Dämme zeigen deutlich, dass der Kanal hier seine vollkommene Breite und Tiefe gehabt habe, hätte man tiefer graben müssen, so wäre die Breite nicht hinreichend für die Schiffe gewesen, welche auf ihm fahren sollten. Die größere gegen die Rezat sich erstreckende Hälfte des Kanals scheint verschüttet oder ist vielleicht gar nicht vollendet worden, da die Baumeister mit ihren nicht hinreichenden Kenntnissen und Mitteln das Unmögliche der Ausführung vielleicht eingesehen hatten. Von der Wasserbaukunst wusste man damals sehr wenig, die Schleusen, mit deren Hilfe man einen Kanal erheben kann, kannte man gewiss noch nicht, wollte man nun zwei Flüsse miteinander verbinden, so blieb kein anderer Ausweg, als ihrem Laufe zu folgen und da, wo die natürliche Lage es zugab und Wasser genug da war, den Kanal auszuheben. Dies war der Fall bei der Altmühl und der fränkischen Rezat, zwischen denen Kaiser Karl seinen Kanal ziehen wollte. Freilich blieb es nur bei dem Versuche, dessen Ausführung für die damalige Zeit allerdings ein großes Unternehmen gewesen wäre, für die jetzige Zeit aber bleibt es stets eine unlösbare Frage, woher die *fossa Carolina* das nötige Wasser erhalten sollte, wenn man auch annimmt, dass diese Gegend, wie damals ganz Deutschland mit Sumpf und Wäldern bedeckt, wasserreicher war. Um die Möglichkeit der Ausführung des von Kaiser Karl begonnenen Werks zu beweisen, nehmen einige an, das Altmühltal sei 45 km aufwärts von Treuchtlingen mit Wasser angefüllt gewesen. Dieser See nun (und dass ein solcher da war, könne man aus dem geringen Gefälle der Altmühl in dieser ganzen Länge ersehen) hätte durch den Kanal der Rezat, um sie schiffbar zu machen, das nötige Wasser abgeben sollen. In späteren Zeiten aber habe sich, wie dies auch anderwärts geschehen sei, das sumpfige Tal gesenkt, was in der Gegend des oben angeführten Ortes geschehen sein müsse, denn dort seien die Berge näher aneinander gerückt und

Die Kanal-Ausmündung in die Donau bei Kehlheim mit der Befreiungshalle.

der Fluss zeige ein größeres Gefälle. Alle diese Behauptungen, wenn auch durch noch so gelehrte Zitrate belegt, beweisen im Grunde genommen nicht viel, die Tatsache steht fest, dass der Kanal aus Mangel an technischen Kenntnissen nicht minder, als wegen der nicht zu überwindenden Terrain-Schwierigkeiten unvollendet blieb, und dass der große Plan scheiterte.

König Ludwig ordnete 1828 eine genaue Untersuchung und die geometrische Aufnahme der Main-Donau-Kanal-Verbindung an, und beauftragte den Oberbaurat Heinrich von Pechmann, das Erforderliche einzuleiten. Die genauesten Vermessungen und Nivellements wurden nun angestellt, und das Resultat im Jahr 1832 bekanntgemacht.

Über die zu wählende Linie von der Donau bis Bamberg konnten nur einige Zweifel stattfinden. Man hatte schon früher eine Wasserstraße von Regensburg längs der Vils und Naab nach Amberg und von dort westlich an die Pegnitz nach Nürnberg in Vorschlag gebracht. Allein zwischen der Vils und der Pegnitz dehnt sich eine lange wasserarme Hügelreihe aus, welche der Ausführung eines Kanals unendliche Schwierigkeiten entgegenstellen würde. Eine andere Richtung bot sich dar, wenn man an der Altmühl bis Kindring und von dort an der hinteren Schwarzach bis Seeligenporten hinaufging und sich dann gegen das Tal der Rednitz und Regnitz zuwendete. Doch auch diese Linie zeigt sich bei der näheren Untersuchung als unbrauchbar, denn bei Seeligenporten, als dem höchsten Punkte derselben, wo die größte Wassermenge angesammelt werden müsste, kann dieses nicht dem Bedürfnis entsprechend zufließen.

Als die zweckmäßigste Richtung wurde, da Nürnberg wegen der großen Bedeutung seines Handels nicht umgangen werden sollte, die jetzt ausgeführte gewählt. Der eigentliche Kanal beginnt bei Dietfurt, dort mündet er in die Altmühl, welche bis Kehlheim schiffbar gemacht werden musste. Von Dietfurt zieht er sich durch das Tal der Sulz nach Neumarkt, wo er die höchste Stelle erreicht, von da nach Nürnberg und läuft in dem Tal der Regnitz nach Bamberg. Es ist diese Richtung in jeder Beziehung die beste, obwohl sie der Ausführung viele Schwierigkeiten bot.

Der Kanal beginnt bei Kehlheim an der Ausmündung der Altmühl in die Donau. Um der wahrscheinlichen Versandung auszuweichen, wurde die Mündung des Flusses nicht benützt, sondern ein Mühlkanal, welcher das Wasser von der Aumühle an die sogenannte Radelmühle führt; dieser wurde zum Teil erweitert, und zugleich als Hafen verwendet, an dessen Ende die Einmündungs-Schleuse des Kanals sich befindet, sie hebt die Schiffe 2,2 m Fuß hoch von der Donau in den Kanal. Indem der Hafen von der Donau und der Altmühl zweckmäßig etwas entfernt liegt, ist er gegen den Eisgang der beiden Flüsse geschützt. Oberhalb der Einmündungsschleuse geht ein Graben vom Kanal zur Nadelmühle, er ist mit einer kleinen Schleuse und Zugschütze versehen, um der Mühle das nötige Wasser zuführen zu können. Um den eigentlichen Kanal und den Hafen bei nötigen Fällen trocken legen zu können, ist an der Stelle, wo dieser aus der Altmühl tritt, eine stark gemauerte Sperrschleuse, welche mit Nuten versehen ist, um Balken einlegen zu können; die Sperrschleuse ist 5,85 m weit und bietet somit den Schiffen genug Raum zum Durchgang.

Von dieser Stelle an wird die Altmühl bis Dietfurt benützt, sie bot mehr Schwierigkeiten dar, als man vermuten konnte. Nach dem Plan von Pechmann sollten auf der 31 km langen Strecke nur drei Schleusen gebaut werden, indem der Fluss in dieser ganzen Ausdehnung meistens eine Normaltiefe von 1,45 m hat. Da, wo er sich über seine Normalbreite ausdehnte, glaubte man ihm durch zweckmäßige Abdämmungen die nötige Tiefe geben zu können, doch erwies sich bald, dass dies nicht genüge, denn die Altmühl hat manche Strecken, die kaum 1,2 m Wasserhöhe zeigen. Gleich oberhalb Kehlheim in der Nähe des Dörfchens Unterau mussten zwei bedeutende Stauwehre gebaut werden, und weiter aufwärts erforderte die Altmühl, um überall das nötige Fahrwasser zu haben, in allem neun Schleusen mit Stauwehren. Die Mühlwerke in Schelleneck, Nußhausen, Riedenburg und Eggersberg wurden durch Kanäle mit Kammerschleusen umgangen.

Bei Dietfurt beginnt nun erst der eigentliche Kanal und hebt sich durch Schleusen in das Ottmaringer Tal. Unter den Gründen, welche beim Ziehen der Kanallinie gegen die Weiterbenutzung der Altmühl bis nach Beilngries hauptsächlich sprachen, war die hauptsächlichste wohl das zunehmende Gefälle und die geringere Tiefe des Flusses. Überdies ist bei dem Dorf Kothingwörth eine steinerne Brücke, welche für die Durchfahrt der Schiffe nicht geeignet ist, dann hätte eine bedeutende Mühle an der Sulz nur schwer umgangen werden können und überdies noch war auf die dort liegenden Bierkeller Rücksicht zu nehmen, indem der Kanal in einer höher Lage vorübergeführt werden müsste, und diese wären dann jedenfalls mit Wasser angefüllt worden. Alle diese nur schwer zu überwindenden Schwierigkeiten sind durch die Leitung des Kanals in das Ottmaringer Tal vollkommen vermieden, an dessen Ende die Wasserstraße oberhalb Beilengries, das rund 1 km davon entfernt ist, in das Tal der Sulz einbiegt.

Der Ausführung des Kanals boten sich von dieser Stelle aus noch manche zu beseitigenden Hindernisse dar, bei Sengenthal ist die letzte Schleuse der von Kehlheim aufwärts bis zur höchsten und längsten Kanalhaltung durch Schleusen gehobenen Wasserstraße. Zwischen der Seitzenmühle und Neumarkt ist eine wegen ihrer Ausdehnung nicht auffallende aber doch 10 m betragende Erhebung des Bodens, welche durchgraben werden musste, um die der obersten Kanalhaltung durchaus nötigen Quellen der Sulz mit jener Wassermenge zu vereinigen, welche auf der ganzen 24 km langen Linie bis zur nächsten Schleuse gesammelt werden muss, um die nötige Wassermenge zu erhalten. Dieser Einschnitt ist eine der erstaunlichsten Stellen des Kanals und über 5 km lang, die tiefen Stellen desselben sind von bedeutender Länge.

Der Kanal nähert sich über Neumarkt hinaus der in dieser Gegend entspringenden fränkischen Schwarzach, die sich in einem Tal gegen Wendelstein zuwendet. Obgleich nun diese Senkung dem Kanal anscheinend die zu nehmende Richtung gab, so zeigte sich doch bei der näheren Untersuchung des Terrains deren Unzulässigkeit. Denn das Tal der Schwarzach ist an vielen Stellen enge, und würde dadurch allein schon viele Schwierigkeiten geboten haben, auch war zu befürchten, dass bei heftigen Regengüssen, die aus den vielen Schluchten und Rinnen herabstürzenden Bäche und Gewässer Geschiebe mancherlei

Die Schleuse nebst Gatterbrücke bei Schelleneck.

Art in den Kanal bringen würden, und gegen solche Anfüllungen hätte man nur schwer Vorkehrungen treffen können. Zudem befindet sich zwischen Schwarzenbruck und Röttenbach eine von senkrecht sich erhebenden Felsenwänden gebildete Schlucht, durch welche die Schwarzach fließt (das Flüsschen treibt dort die bedeutenden Werke von Gsteinach), diese hätte nun in keinem Fall umgangen werden können, wenn der Kanal in das Tal der Schwarzach geführt worden wäre. Es musste daher der Kanal über die links der Schwarzach liegenden Höhen und Schluchten geführt werden und dadurch wurde die große Kanalhaltung von 24 km Länge gewonnen. Zugleich aber war es in der gewonnenen Richtung möglich, viele Quellen und Bäche in den Kanal aufzunehmen und darauf war besonders Rücksicht zu nehmen, denn nach angestellten Berechnungen ist zum Durchschleusen von 45 Schiffen, die eine Last von zusammen 3750 t tragen, 25 000 m³ Wasser nötig, es muss daher diese große Haltung gleichsam als Vorratsbehälter dienen. Deshalb sind auch die die oberste Kanalhaltung begrenzenden Schleusen höher gebaut, um den Kanal, dessen Normaltiefe durchgängig 1,45 m beträgt, da oben bis auf 2 m anlaufen lassen zu können.

Diese Linie bot nun manche Vertiefung, manche Schlucht und einige Höhen dar, über welche und durch welche der Kanal geführt werden musste. Zuerst erforderte das Tal des Kettenbaches einen ansehnlichen Damm, das nicht weit davon entfernte Tal des Gruberbachs machte einen Damm und einen Durchlass notwendig. Bei Unterölsbach durchschneidet die Kanallinie ein schmaler Bergrücken; nach dem Bauplan des Ludwig-Donau-Main-Kanals sollte durch diese von Tonschiefer gebildete

Höhe ein 260 m langer Tunnel gebrochen werden; dadurch wäre nun eine unterirdische Kanalfahrt bezweckt worden, man zog es aber vor, um diese zu vermeiden, einen 21 m tiefen Einschnitt anzulegen. Ein noch bedeutenderer Einschnitt war bei Dörlbach nötig, die höchste Stelle desselben ist an 15,8 m tief. Bei Burgthann befindet sich eine die Linie quer durchschneidende 32 m tiefe Schlucht. Nach dem Bauplan sollte über diese ein Brückenkanal mit 5 Bogen von 14½ m Weite geführt werden; um der Kostspieligkeit eines solchen grandiosen Bauwerks auszuweichen, zog man es vor, einen Damm aufzuwerfen, und dieser verursachte wegen des schlechten in der Nähe gewonnenen Materials unsägliche Mühe und Arbeit, so dass viele Bauverständige an der Haltbarkeit desselben zweifelten. Über das Mühltal sollte ebenfalls ein Brückenkanal mit 4 Bogen und 14½ m Weite geführt werden, doch auch über dieses wurde ein 15,8 m hoher Damm aufgeworfen; der Mühlbach läuft durch ein Gewölbe.

Die große Kanalhaltung hat nun in dieser Gegend ein Ende, die Linie zieht sich gegen die Schwarzach; es waren dort wegen der raschen Senkung 26 Schleusen, jede mit 2,3 m Fall und 350 m voneinander abstehend, nötig. Über die Schwarzach und ihre schon erwähnte tiefe Felsenschlucht führt bei dem Dorf Nerreth ein großartig ausgeführter Brücken-Kanal, ebenso geht weiter abwärts oberhalb Röttenbach bei dem Kugelhammer der Kanal über den Gauchsbach auf einer Brücke mit einem mäßigen Bogen. Dann läuft er längs dem rechten Ufer der Schwarzach an Röttenbach vorbei nach Wendelstein und das Tal der Schwarzach verlassend zieht er sich gegen Nürnberg, das er rechts lässt und an der südwestlich an der Stadt liegenden Vorstadt Gostenhof den großen Kanalhafen bildet. Der Kanal erhält in dieser Gegend einen weiteren Zufluss vom Gauchsbach.

Von Nürnberg aus wurde für die Kanallinie die Richtung längs der Fürther Straße gewählt; diese durchschneidet sie in der Nähe der Doofer Mühle, und der Kanal läuft auf einer 20½ m weiten Brücke über die Pegnitz. Von da auf der rechten Seite der Regnitz bot sich bis Erlangen keine weitere Schwierigkeit mehr dar. Außerhalb Erlangen zieht sich eine langgestreckte Anhöhe bis dicht an die Regnitz, deren rechtes Ufer mit Fabrikgebäuden dicht besetzt ist. Über den Fluss mittelst eines Brückenkanals den Kanal zu leiten, erforderte einen kostbaren Bau und dann bot das linke Ufer zu viele Unebenheiten und einige kleine Flüsse dar, die sich in die Regnitz ergießen und über welche der Kanal hätte geführt werden müssen. Der nahe Abfall des Berges an den Fluss ließ keinen Raum für den Kanal, daher meinte Freiherr von Pechmann in seinem Bauplan, es bleibe kein anderes Mittel übrig, als den Kanal oberhalb der Wirtschaft zur Windmühle in die Regnitz und über das Wehr der Mühle mittelst einer Schleuse zu leiten, unterhalb der Mühle aber wieder aus dem Fluss auf die rechte Seite des Flusses zu führen. Die veränderliche Höhe des Flusses und die schwer zu lösende Frage, auf welche Art der Wasserspiegel in unveränderter Höhe dort könnte erhalten werden, rief eine Abänderung im Bau hervor und es entstanden an dieser denkwürdigen Stelle Bauwerke, deren Schwierigkeit die später folgende ausführliche Beschreibung des Ludwig-Donau-Main-Kanals dartun wird. Bis Forchheim stellte sich bei der Untersuchung des Terrains keine weitere Schwierigkeit dar. Beim

Anblick der Karte drängt sich wohl zunächst die Frage auf, warum man von Erlangen nicht die Regnitz gleich der Altmühl schiffbar machen wollte, und den Kanal bis Bamberg in dem Tale der Regnitz fortführte. Die Regnitz besitzt dort kaum eine Tiefe von 85 cm, sie würde also nur kleine Schiffe zu tragen vermögen, und die Schiffe, welche aus der Donau und dem Main kommen, müssten in Erlangen und Bamberg umgeladen werden. Hätte man dagegen, bloß um die Regnitz benützen zu können, dem Kanal eine geringere Tiefe als 1,45 m geben wollen und dafür diesen breiter gemacht, so würde dies einen bedeutenden Mehraufwand verursacht haben und die Schiffe müssten dann an den beiden Endpunkten der künstlichen Wasserstraße umgeladen werden. Zudem ist die Regnitz ein schnell strömender Fluss, welcher der Schifffahrt unendlich viele Schwierigkeiten entgegensetzt, seine Veränderlichkeit hätte fortwährend bedeutende Reparaturen und Bauten nötig gemacht. Dann waren noch die vielen Bewässerungsräder, welche die Wiesen des Regnitztals von Fürth an bis Bamberg bewässern, zu berücksichtigen, von diesen hängt der Ertrag des aus bloßem Sand bestehenden Grundes, der nur durch Düngung fruchtbar ist, meistenteils ab.

Bei Forchheim machte die in die Regnitz sich ergießende Wiesent mit ihren Nebenarmen einige Brückenkanäle mit mehreren Bogen nötig. Bei Bughof oberhalb Bamberg mündet der Kanal in die Regnitz ein, der Fluss hat dort, weil er durch die bedeutenden Mühlenwehre in Bamberg angestaut wird, die nötige Tiefe. In der Nähe dieser Wehre leitet ein Arm der Regnitz, der sogenannte Nonnengraben, einen Teil des Wassers ab, und dieser wurde benützt, um

Der Kanal mit der Altmühlbrücke bei Schelleneck.

die Mühlenwehre zu umgehen, und die Schiffe weiter unten wieder in die Regnitz zu bringen, welche sich bekanntlich gleich unterhalb der Stadt in den Main ergießt. Der Nonnengraben machte viele Schwierigkeiten; eine ihn an seinem unteren Ende versperrende Mühle, die sogenannte Fischmühle, musste abgetragen werden. Dem Plan, am Anfange des Grabens eine Kammerschleuse zu bauen und weiter unten eine zweite, deren Höhe durch das Wehr der Fischmühle bedingt war, zog man einen anderen vor. Es wurde beim Austritt des Nonnengrabens eine Schleuse von der Höhe seines Gefälles bis in die Regnitz gebaut und er selbst in seiner ganzen Länge vertieft.

Mit gleicher Umsicht, wie bei der Bestimmung der Linie für den Ludwigs-Donau-Main-Kanal, verfuhr Freiherr von Pechmann bei der Erledigung der Frage, woher das Wasser für den 172 km langen Kanal zu nehmen sei und wie viel man für die Schifffahrt nötig habe. Es war hierbei die Verdunstung, die Versickerung in den Boden und der Verlust, welchen die im Kanal wachsenden Wasserpflanzen verursachten, zu berücksichtigen, dann der durch das Durchschleusen der Schiffe entstehende Abgang von Wasser und endlich auch verdiente noch der Umstand Beachtung, dass die Schleusentore nie ganz genau schließen können, und daher immer Wasser aus der oberen Haltung entweiche. Der Verlust durch Versickerung musste für den Anfang jedenfalls als bedeutend angenommen werden, da die Terrain-Verhältnisse des Kanals diese begünstigen. Denn von Bamberg bis Nürnberg ist eine Ebene und diese besteht aus Sandlagen, welche durch Zerstörung des bunten Sandsteines entstanden sind. Diese Formation des Bo-

dens erstreckt sich bis an das Ende der obersten Haltung, der Kanal stößt dort auf eine Abdachung des Jurakalk-Gebildes, der sich von den Grenzen Frankreichs und der Schweiz durch Württemberg und Bayern bis Regensburg erstreckt, und über die Oberpfalz und das Bayreuther Land bis gegen Coburg sich ausdehnt. Die teilweise Durchsickerung des Wassers war in diesem Teile der Kanallinie stärker, als man es vermutete, die notwendig gewordenen Vorbeugungsmittel führten jedoch in wenigen Monaten zu einem befriedigenden Resultat, weiter abwärts gegen Berching und Beilngries erforderten die unter der Kanalsohle befindlichen Schutthalden des Juragebirges viele Arbeiten. Es ist ein Erfahrungssatz, dass mit den Jahren die Verschlammung mehr und mehr zunimmt, und ein Kanal endlich wasserdicht wird, die Verschlammung kann aber durch mit Lehm und anderem Material getrübtes Wasser bedeutend beschleunigt werden.

Man hat angenommen, dass binnen 240 Tagen – und so lange dauert in unserem Himmelsstrich die Schifffahrt auf dem Kanäle – der Verlust an Wasser aus den angeführten Ursachen rund 1,4 Mill. m³ beträgt.

Es stellt sich nach alle möglichen Verhältnisse berücksichtigenden Berechnungen heraus, dass für Verdunstung, Versickerung und Verlust an den Schleusen 0,5 m³ angenommen werden können. Die Wassermenge, welche dagegen dem Kanal zufließt, ist nach den angestellten Untersuchungen in der Sekunde 0,6 – 0,7 m³, indem das Wasser aus allen in die Linie des Kanales fallenden größeren und kleineren Gewässern für diesen benützt werden kann, und wenn sich auch diese Wassermenge bei der trockensten Witterung noch um ein Viertel vermindern würde, so bliebe doch in der Sekunde 0,5 m³ Wasserzufluss, so dass also während der ganzen Schifffahrtszeit in einem Jahre der Bedarf zuverlässig gedeckt ist.

Die Besorgnis, der Kanal würde das nötige Speisewasser nicht erhalten, ist dadurch widerlegt, zudem könnten noch der Sindelbach und Rosenstädterbach, welche in der Sekunde 0,4 m³ Wasser herzugeben im Stande sind, in die obere Kanalhaltung geleitet werden, und um alle Bedenklichkeiten zu beseitigen, ließen sich, da wo es die Örtlichkeit erlaubt, allenfalls noch Wasserbehälter anlegen. Man dürfte demnach, auch wenn 2,8 Mill. t in einem Jahre auf dem Kanal fortgeschafft werden sollen, nicht befürchten, dass Wassermangel entstünde, auch ist die Möglichkeit gegeben, die oberste Kanalhaltung bis 2 m Tiefe zu bringen, sie wird somit als Vorratsbehälter dienen.

Wird man nun auch durch diese Berechnungen, gestützt auf genaue und vorsichtige Untersuchungen, sich darüber beruhigt fühlen, dass die eigentliche Seele des Kanals – das Wasser – diesem nie fehlen werde, so kann doch erst nach Verlauf von etlichen Jahren ein genaues Urteil über diese Angaben gefällt werden, denn Theorie und Erfahrung liefern oft sehr abweichende Resultate.

Für Elementarereignisse, wie lange anhaltender Regen oder Gewittergüsse, die dem Kanal schnell eine Menge Wasser zuführen und deshalb Beschädigungen verursachen könnten, musste beim Entwerfen des Plans ebenfalls Vorsorge getroffen werden. In den kleineren Kanalhaltungen leiten Nebenkanäle das überflüssige Wasser ab, in den langen Kanalhaltungen sieht man Überfälle und Grundablässe, welche durch schnelles Ablassen des Wassers die Gefahr beseitigen sollen. In Voraussetzung des möglichen Falles, dass an einem Kanaldamm irgendwo ein Ufer des Kanales durchbrechen, und das Wasser dann aus der Haltung strömen würde, hat man besonders in den langen Kanalhaltungen Sicherheitstore angebracht. Es sind dies zwei leicht bewegliche Tore, welche an einem die Schiffsbreite bietenden Mauerwerk hängen und von einer durch einen Dammbruch entstandenen Wasserströmung ergriffen schließen. Im Mauerwerk dieser Tore, welche meistens an Brücken, wo ohnehin die Wasserstraße verengt ist, angebracht wurden, sind Nuten, um Balkenwände zur Absperrung anlegen zu können, wenn ein Teil einer längeren Haltung geräumt oder ausgebessert werden muss.

Bei Neumarkt bilden die aus Jurakalk bestehenden Höhen eine Art Plateau oder Ebene, zu welcher der Kanal von Bamberg 184 m und von Kehlheim 79 m erhoben werden muss. Um die Schiffe nun dahinauf zu bringen, dazu dienen Schleusen, deren man auf der ganzen Kanallinie von der Schleuse 4, welche die Fahrzeuge aus der Altmühl hebt, bis zur ersten Schleuse an der großen oberen Haltung 20 zählt, von der anderen Schleuse an führen 69 Schleusen hinab nach Bamberg. Die Kammerschleusen sind zwischen den Stirnen 45 m, in der Kammer selbst 32 m lang und 4,7 m breit, sie haben ein Zwischentor auf 26 m Länge. Diese Zwischentore sind notwendig, damit wenn Schiffe von nur gewöhnlicher Länge durchgehen, man nicht nötig hat, die ganze Kammerschleuse mit Wasser anzufüllen. An den Schleusen der Altmühl und an der letzten Schleuse der Regnitz für den Nonnengraben sind nur zwei Tore, weil man da nicht nötig hat, wie bei den anderen Schleusen, mit

Die Schleuse bei Riedenburg mit dem Einfluss der Altmühl in den Kanal.

dem Wasser zu sparen. Die Höhe der Schleusen beträgt 2,3 – 3,5 m, die erstere erhalten sie da, wo sie das Wasser aus der obersten Kanalhaltung empfangen können, sie nimmt zu, wo der Kanal neuen Zufluss an Wasser erhält. Die vielen Schleusen verursachen immer einen Verlust an Wasser und Zeit, daher wäre es erwünscht, wenn diese so viel als möglich durch lange Haltungen hätten vermieden werden können, aber sie sind, weil die Linie über die Höhen gezogen werden musste, unumgänglich nötig. Man gibt den Schleusen in der Regel selten eine größere Fallhöhe als 2,3 m, doch musste man den bedeutenden Geldaufwand, welchen die Erdarbeiten und die größere Anzahl von Schleusen verursacht hätten, berücksichtigen, daher haben die Schleusen, da wo es sich tun ließ, einen höheren Fall. Die letzte Schleuse bei Bamberg hat eine Höhe von 3,5 m. Man hat beobachtet, dass zum Aufziehen der Füllungsventile an den Schleusen, zum Aus- und Anschirren der Pferde und Öffnen der Schleusentore etwa acht Minuten notwendig ist, dies nimmt auf acht Schleusen schon eine Stunde weg und verursacht beim Befahren der ganzen Linie einen Aufenthalt von etwa 12 Stunden.

Die vielen Schleusen und anderen Kanalbauwerke, welche große Kosten verursachten, sowie die Unzuverlässigkeit des dem Kanal notwendigen Elements und die Zeitversäumnisse bei der Beschiffung waren gleich anfangs, als sich die Nachricht verbreitete, König Ludwig wolle die Idee Karl des Großen verwirklichen, ein Gegenstand vielseitiger Erörterungen. Viele zogen der künstlichen Wasserstraße die damals mehr und mehr allgemeine Aufmerksamkeit erregenden Eisenbahnen vor, indem diese da, wo sie zuerst als Kommunikationsmittel benutzt wurden, eine nie geahnte Beweglichkeit im Leben und in der Industrie hervorriefen. Gewiss werden die Eisenbahnen, sobald ihre metallenen Arme sich über größere Strecken des Kontinentes ausgebreitet haben, einen mächtigen Hebel des Verkehrs bilden, mag man nun von ihnen hoffen oder fürchten, Niemand weiß, was sie bringen, diese eisernen Brücken der Gegenwart in die verschleierte Zukunft, denn wie sie durch die Schnelligkeit ihres Fluges Raum und Zeit beschränken, ebenso werden sie in alle Verhältnisse und Zustände der Völker und Staaten eingreifen, gewiss aber den Entwicklungsgang des menschlichen Geschlechts beschleunigen. Die Dampfkraft, angewandt als bewegende Kraft, ist gewiss die glänzendste Erfindung des schaffenden Geistes unseres Jahrhunderts, in ihr feiern die physischen Wissenschaften, Physik, Chemie und Mathematik, den Triumph des menschlichen Verstandes!

Die überraschenden Erfolge, welche einige Eisenbahnen, begünstigt durch Lage und Verhältnisse, in finanzieller Beziehung, kurz nach ihrer Erbauung blicken ließen, erweckten ein ungeheueres Interesse für sie in allen Ländern, deren Kulturstand es erlaubte, tauchten Projekte zum Bau von Eisenbahnen auf. Kein Land glaubt zurückbleiben zu dürfen, man sucht so schnell als möglich Eisenbahnen, an die man überspannte Hoffnungen zu knüpfen gewohnt ist, zu bauen, man glaubt zurückzugehen, wenn man da, wo alles vorwärtsschreitet, nicht gleichen Schritt hält. Der Spekulation eröffnete sich durch den Bau der Eisenbahnen ein neues Feld, ein Schwindel scheint die ganze Welt erfasst zu haben und es wird noch ziemlich lange dauern, bis eine ruhige Überlegung die eigentlich gewonnenen Resultate darlegen wird und die Erfahrung die wahren Grenzen des Wertes der Eisenbahnen für die Hebung des Wohles der Völker bestimmen kann. England gibt ein sprechendes Beispiel, wie leicht man eine an sich sehr gute Sache überschätzen kann und dass die Folgen von Fehlgriffen nicht ausbleiben. Jede neue Erfindung, welche auf Handel und Technik sich bezieht, erregt dort leicht Teilnahme, und so konnte es nicht fehlen, dass, als einige in früherer Zeit mit Sachkenntnis angelegte Kanäle Gewinn und Vorteil brachten, es nur eine Stimme im Land war, die behauptete, man müsse überall Kanäle anlegen, denn diese könnten am leichtesten und besten den Verkehr fördern. Bei der Anlage der meisten dieser künstlichen Wasserstraßen nahm man dort auf die notwendigen Verhältnisse des Landes und die zu verbindenden Orte nicht immer die nötige Rücksicht, man baute Kanäle in Gegenden, die für solche Unternehmungen gerade nicht die passendsten waren, sie warfen die gehoffte Rente nicht ab und mussten notwendig nach und nach eingehen. Man baute nun an der Stelle der Kanäle dort Eisenbahnen, doch auch diese führten die erwarteten Resultate nicht herbei, während günstig gelegene Kanäle das auf sie verwendete Kapital reichlich verzinsen.

Andere Verhältnisse machten sich in den Verbindungswegen zwischen Liverpool und Manchester, jetzt wohl die bedeutendsten Fabrikstädte Englands, geltend und erforderten eine umgestaltende Vermehrung derselben. Eine natürliche schiffbare Wasserstraße verband von jeher die beiden Städte, erst im Jahr 1760 legte der Herzog von Bridgewater den 80 km langen Kanal an, für welchen er durch eine Parlamentsakte das Schifffahrtsrecht erhielt. Diese beiden Verbindungsstraßen genügten nicht mehr, da Liverpools und Manchesters Fabriken immer blühender wurden, und deren Einwohnerzahl in einem halben Jahrhundert sich um das Sechsfache mehrte. Der Verkehr zwischen den beiden Städten musste sich deshalb steigern, weil Manchester seinen Bedarf für die Fabriken von Liverpool bezieht und die gewonnenen Erzeugnisse wieder in den Hafen derselben zur weiteren Versendung schickt. Die beiden Wasserstraßen konnten zuletzt, da täglich über 1000 t hin und hergingen, nicht mehr genügen, denn nicht selten erhielten die Manufakturen in Manchester ihr Material zu spät und zu langsam, ein Umstand, der für den Bestand derselben wichtig ist, denn das schnelle und richtige Eintreffen der Ware hat für den englischen Kaufmann bedeutenden Wert, so dass er oft die Wohlfeilheit der Fracht weniger berücksichtigt. Der Fluss wurde in heißen Sommern nicht selten wasserarm und auch der Kanal von Bridgewater zu seicht, man hatte bei der Anlage desselben nicht auf die mögliche Zunahme der Frequenz gerechnet und nicht Vorsorge getroffen, dem jetzt durch den gesteigerten Verkehr nötigen Aufwand der Schleusen durch hinreichenden Wasserzufluss zu begegnen. Dazu kam noch, dass die beiden Schifffahrtsgesellschaften sich nicht willig zeigten, ihre durch ein langjähriges Monopol gesicherten Frachtpreise herabzusetzen. Es vereinigten sich auch noch andere Umstände, welche für die Anlage einer die beiden Städte verbindenden Eisenbahn sprachen und die Rentierung derselben erwarten ließen, und so wurde denn die mit zwei Schienenwegen versehene Bahn im Jahr 1826 angefangen und bereits gegen Ende des Jahres 1829 befahren. Sie ist ungefähr 50 km lang, also 30 km

Schleuse bei Randeck mit dem grauen Felsen.

kürzer als der Kanal; die Einnahme, welche die Reisenden auf der Eisenbahn gewähren, deckt allein schon die Zinsen des Anlagekapitals und der Erhaltungskosten der Bahn und der Wagen.

Nach solchen glänzenden Resultaten könnte man sich nun freilich verleiten lassen, einer Eisenbahn vor einem Kanal den Vorzug zu geben, doch darf man den Wert derselben als Transportmittel nicht überschätzen und muss die obwaltenden Verhältnisse ins Auge fassen. Der Donau-Main-Kanal vereinigt nicht einzelne Städte, sondern ausgedehnte Länder, in denen der größte Verkehr auf schiffbaren Flüssen stattfindet, die ununterbrochene Fahrt von dem einen in den andern, ist daher von der größten Wichtigkeit. Alle Güter, welche auf den Wasserwegen fortgeschafft werden, erfordern weniger eine schnelle als wohlfeile Fracht, die größere Beschleunigung des Transports zieht immer erhöhte Preise nach sich, und solche Waren sind in Deutschland ziemlich selten. Dass die Kanäle ihren praktischen Nutzen überall bewähren, wo man sie zweckmäßig anlegte, zeigt Frankreich, das trotzdem, dass tagtäglich neue Eisenbahnprojekte dort gleich Pilzen aus der Erde emporschießen und die Unternehmer alle Mittel in Bewegung setzen, um jede Konkurrenz zu vernichten, bemüht ist, sein Kanalsystem auszubreiten, und dass die Kanäle mit ihren niedrigen Frachtpreisen recht gut bestehen. Belgien, das durch sein rasches Vorwärtsschreiten in der Industrie in den letzten zehn Jahren sich so auffallend bemerkbar macht, verkennt den Nutzen nicht, welchen Kanäle einem Land gewähren können, es hat erst in jüngster Zeit mit Holland ein Übereinkommen abgeschlossen, in Betreff der Erbauung eines Kanals zur Seite der Maas von Lüttich nach Maas-

tricht, zugleich arbeitet man daran, die Schwierigkeiten zu beseitigen, welche bisher der Ausführung eines größeren Werkes im Wege standen, nämlich einer Kanalverbindung zwischen der Maas und Mosel durch das Gebiet von Luxemburg. Die großen Flüsse in Nordamerika fordern von selbst auf, die Verbindung derselben nicht zu vernachlässigen, und einem Netze gleich durchziehen Kanäle das Land und bilden, in gerader Linie genommen, eine Strecke, welche mehr als die Entfernung zwischen London und Philadelphia ausmachen würde. Die Amerikaner übertreffen in diesen Zweigen der Nationalbetriebsamkeit alle Völker, selbst die Fortschritte der Engländer erscheinen dagegen kleinlich und das Festland von Europa kann noch gar keinen Maßstab des Vergleichs liefern.

Man hat auch deshalb den Eisenbahnen den Vorzug vor den Kanälen geben wollen, weil der Bau und die Anlage der letzteren schwierig und kostbar ist und sich nicht rentiere, wenn man nicht ein hohes Kanalgeld erhebe, wogegen dann die Landfracht wohlfeiler sei – dann gehe der Transport auf dem Kanal sehr langsam und dem Handel bringe dies bei glücklichen Konjekturen nicht selten Schaden, dabei sei auch ein Kanal einen großen Teil des Jahres unbrauchbar, im Winter friere er ein, im Sommer könne er Mangel an Wasser haben, folglich gewähre er keinen sicheren ununterbrochenen Handelszug. Die Erfahrung hat nun gelehrt, dass ein Kanal sowohl als eine Eisenbahn jedes seine eigentümlichen Vorzüge hat, sie können sogar nebeneinander bestehen. Wohl hat die Kanalschifffahrt ihre Mängel und Unvollkommenheiten, doch verschwinden diese oder verringern sich bei der näheren Untersuchung. Der Vorzug eines Kanals gegen eine Eisenbahn besteht in dem großen Unterschied der Frachtkosten und aus den geringen Unterhaltungskosten eines Kanals, dagegen hat die Eisenbahn bloß die Schnelligkeit für sich. Auf einem Kanal zieht ein Pferd eine Last von 100 t mit derselben Geschwindigkeit, mit welcher sich ein Lastwagen auf der Landstraße bewegt, ungefähr vier Kilometer in der Stunde. Da auf einem Kanal eine Reibung nicht stattfinden kann, so zieht ein Pferd auf einem Kanal immer eine hundertmal so schwere Last als auf einer Landstraße, und zehnmal mehr als selbst auf einer Eisenbahn. Die Anlagekosten beider Kommunikationsmittel werden sich so ziemlich gleich bleiben, dagegen betragen nach den gemachten Erfahrungen bei längerer Zeit schon dem Verkehr übergebenen Kanälen die Unterhaltungskosten bei einem künstlichen Wasserwege jährlich nicht über 1,5 %, während sie bei Eisenbahnen fast das Sechsfache in Anspruch nehmen. Die Langsamkeit des Transportes auf den Kanälen kann keinen erheblichen Einfluss auf den Verkehr haben, da auf die mehr oder minder schnelle Ankunft derselben weniger ankommt, als auf die Wohlfeilheit der Fracht, die doch meistens nur aus großen ins Gewicht fallenden Gütern besteht, während Eisenbahnen sich für Beförderung von Reisenden und sogenannte Handelsgüter eignen, die bei geringem Umfang einen größeren Wert haben und als Eilgut auch die höheren Frachtpreise der Eisenbahnen bezahlen können.

Die Unterbrechungen der Fahrten auf einem Kanal während des Winters oder behufs der Räumung der Haltungen, wäre allerdings ein begründeter Einwurf, wenn dadurch der Handel und Verkehr gehemmt würde, aber da man diese Schwäche der Kanalschifffahrt kennt, so kann sich ja jeder mit seinen Geschäften danach richten und die offene Zeit benützen, die in milden Wintern über drei Viertel des Jahres betragen kann. Die Räumung des Kanals ist nur dann nötig, wenn er mit sehr trübem Wasser gefüllt werden muss und dies findet bloß alle paar Jahre statt, sie kann teilweise vorgenommen werden und nimmt nicht viel Zeit in Anspruch. Die gewöhnlichen Ausbesserungen sind nicht bedeutend, sobald der Kanal seine gehörige Festigkeit hat, die Erneuerung der Schleusentore, welche gewöhnlich zwanzig bis fünfundzwanzig Jahre aushalten, kann im Winter geschehen. Die Fahrten auf den Eisenbahnen werden auch nicht selten unvermutet unterbrochen, wenn auch weniger lang, als auf Kanälen, der Wind weht in die Einschnitte Massen von Schnee, bloßer Reif auf den Eisenschienen erfordert doppelte Kraft zur Fortschaffung der Last.

Einmündung des Kanals in die Altmühl bei Dietfurt.

⚊ II. ⚊

Nachdem die Finanzierung des Kanalprojekts durch die Gründung einer Aktiengesellschaft gesichert war, wurde die Trasse in 7 Sektionen unterteilt:

Sektion I. misst 33,6 km und beginnt an der Donau bei Kehlheim, geht den Lauf der Altmühl entlang durch die Landgerichte Kehlheim und Riedenburg bis Geisstetten bei Dietfurt, wo der Kanal in die Altmühl tritt und endet mit der Schleuse Nr. 6, die aber noch dazugehört.

Sektion II. misst 29,2 km, fängt bei der Kanalhaltung hinter der Schleuse Nr. 6. an und reicht bis zur Schleuse Nr. 25 und liegt innerhalb der Landgerichte Riedenburg, Beilngries und Neumarkt.

Sektion III. misst 24 km, beginnt mit Schleuse Nr. 25, und endet mit der obersten Kanalhaltung, welche sie umfasst, mit der Schleuse Nr. 26, sie liegt in den Landgerichtsbezirken Neumarkt, Kastel und Altdorf.

Sektion IV. misst 12,5 km, beginnt hinter der Schleuse Nr. 26, endet mit der Schleuse Nr. 56 und durchschneidet die Landgerichtsbezirke Altdorf und Schwabach.

Sektion V. misst 24,5 km, fängt hinter der Schleuse Nr. 56 an und endet bei der Schleuse Nr. 73, sie liegt innerhalb der Landgerichte Altdorf, Schwabach, Nürnberg und Erlangen und des Polizeibezirks Nürnberg.

Sektion VI. misst 14,7 km, beginnt mit der Schleuse Nr. 73, endet mit dem ersten Brückenkanal über einen Arm der Wiesent bei Forchheim und durchzieht die Landgerichte Erlangen und Forchheim.

Sektion VII. misst 25,7 km, fängt hinter dem ersten Brückenkanal über die Wiesent an, endet in Bamberg und liegt in den Landgerichten Forchheim und Bamberg I.

Dann begannen die technischen Arbeiten und bald flatterten auf der ganzen Linie die Fähnchen aus den Signalstangen, mit denen der Ludwigs-Kanal abgesteckt wurde. Bei der Aussteckung des Kanales in seiner Länge wurde zuerst die Mittellinie gezogen, die Pfähle standen 146 m (500 Bayerische Fuß) voneinander entfernt und waren in der Richtung von Kellheim nach Bamberg durch Nummern, die für jede Sektion fortlaufend waren, bezeichnet, in Krümmungen und bei ungleichförmigem Terrain schlug man kleinere Pflöckchen zwischen diese Pflöcke ein und bezeichnete sie mit Buchstaben. Die Stellen und die Höhen der Schleusen wurden durch zwei 14,6 m von einander stehende Pfähle bezeichnet, auf diesen war ein weiß und rotes Täfelchen wagrecht so befestigt, dass der obere Rand desselben die zukünftige Wasserhöhe des Kanals bestimmte. Die Höhenpunkte wurden, wo es sich tun ließ, auf feststehende Gegenstände oder auf nebenan eingeschlagene Pfähle übertragen und ihre relative Lage und Höhe zu den Höhepunkten der Schleusen vorgemerkt. Alle Punkte des Nivellements bezogen sich auf eine Ebene, welche 29,2 m (100 Fuß) über der Sohle der Teilungshaltung als allgemeiner Horizont gedacht ist.

Die Aussteckung des Kanales nach seiner Breite begann nach Vollendung des Nivellements. An jedem Pfahl und in den kleineren Abständen wurde die Grenze des Kanalprofils abgesteckt und dadurch die Grenze der zu erwerbenden Bodenfläche angezeigt, um die nötigen Grundankäufe machen zu können. Die Leitung der Abschätzungs- und Entschädigungsverhandlungen in Bezug auf den Ankauf des Grundeigentums für den Kanal wurde zur Beschleunigung und Vereinfachung des Geschäfts für den ganzen Obermainkreis dem königlichen Stadtkommissär und Landrichter Geiger in Bamberg, für den Rezatkreis dem Landrichter Lenz in Ansbach, und für den Regenkreis dem Landrichter Riesch in Kellheim von Seite der Staatsregierung übertragen. Die dabei vorkommenden Ausgleichungen boten die mannigfaltigsten Schwierigkeiten dar, denn die Interessen von Seite der Abtreter waren oft geteilt und verwickelt; die für die ganze Linie nötigen Grunder-

werbungen überstiegen die Anzahl von 2800 Tagwerken, auch mussten mehrere Mühlen und Hammerwerke ganz beseitigt, andere teilweise entschädigt werden.

Mit dem 1. Juli 1836 begannen auf mehreren Punkten der Kanallinie die Arbeiten, namentlich bei Nürnberg, Doos und Fürth, und zwischen Bughof und Hirschaid in der Sektion Bamberg, von der die ersten Ausschreibungen zur Hingebung im Strichwege von Grabungen und Erdarbeiten ausgingen. Den Sektionsingenieuren war von den Kanalbau-Inspektionen als nächste Arbeit aufgetragen worden, nach Absteckung der Linie den ungefähren Voranschlag des Geldaufwandes für die einzelnen bestimmten Abteilungen zu machen, um diese den Ausschreibungen beisetzen zu können, es war dies eine Aufgabe, welche Zeit und viele Umsicht in Anspruch nahm, daher konnten die Verstriche nur nach und nach stattfinden.

Die Arbeiten des Ludwigs-Kanals beschränkten sich nicht allein auf das Ausgraben der Wasserstraße, sondern es gehörte dazu auch die Herstellung von 70 Dämmen und 60 Einschnitten, unter den letzteren war der bedeutendste der bei Neumarkt, der 4,8 km lang und 10,8 m tief war. Um den Voranschlag herstellen zu können, wurden bei allen Hauptprofilen der ganzen abgesteckten Linie Bohrversuche bis auf die Kanalsohle gemacht und zu gleicher Zeit auf den Haupt- und Zwischenprofilen Querprofile aufgenommen. Dadurch konnte man die Summe der auszuhebenden, weiterzuführenden und zu verwendenden Erdmassen ermitteln und durch die Bohrversuche die Beschaffenheit und die Art des auszugrabenden Bodens. Das Ergebnis dieser Berechnungen und Untersuchungen bestimmte den Preis.

Die Schleuse mit dem Schleusenwärterhaus bei Berching.

Für das Graben der Erde und für das Wegschaffen mit Wagen und Schubkarren hatte die Kanalbau-Inspektion Tarife als leitende Norm gegeben.

Die Erdarbeiten der 2,4 km langen 93. Haltung des Kanals bei Bamberg wurden am 1. Juli 1836 begonnen und waren Ende Oktober beendet. Die beiderseitigen Dämme haben die doppelte Funktion, nicht nur als Bett des Kanals zu dienen, sondern auch den Eisgang und das Hochwasser der nahe fließenden Regnitz abzuhalten. Die für die Bildung der Dämme erforderliche Erdmasse wurde teils durch die eigentliche Ausgrabung des Kanals, teils aus den nächstgelegenen Feldern gewonnen. Um mehrere Stellen, die von Bächen durchschnitten waren, behufs der Legung der Sohle trocken zu bringen, wurde selbst, als es notwendig erschien, nachts gearbeitet; sobald die zwischen der oberen und unteren Brücke stehende Fischmühle abgebrochen war, begann man mit dem Bau der Kanalschleuse, welche die letzte des ganzen Kanals ist, und mit der Ausgrabung der Schleuse bei Bughof. Die Steine dazu erhielt man von einem am jenseitigen Ufer liegenden Steinbruch, den die Baubehörde erworben hatte, wie man denn stets bemüht war, das nötige Baumaterial in der Nähe der Linie zu finden und überall, wo sich die Gelegenheit bot, Steinbrüche eröffnete.

Die Arbeiten wurden selbst durch das eintretende schlechte Wetter nicht unterbrochen, namentlich war man in dem sogenannten Nonnengraben und an der unteren Brücke bei der eigentlichen Kanalmündung sehr tätig in der Herstellung des Kanalbettes und der Schlussdämme, zu welchen große Steinmassen herbeigeführt und in den Fluss versenkt wurden. Zur Beischaffung festeren Lehmbodens für die Kanalbettung und Böschungen nach Struhlendorf zu wurden mehrere Karren mit eigentümlicher Konstruktion ähnlich den Eisenbahntransportwagen angefertigt, um auf einer angelegten Eisenschienenbahn den Dienst zu versehen. An der Hauptschleuse bei Bughof waren drei Rammmaschinen zum Schlagen des Pfahlrostes tätig.

Die Konstruktion der beim Ludwigs-Kanal angewendeten Schleusen weicht nicht ab von der seit Jahrhunderten gewöhnlichen, nach ihrem Erfinder dem holländischen Hydrotekten Stevin genannten, sie bilden ein längliches Viereck, welches oben und unten durch zwei Flügeltüren möglichst genau geschlossen ist. In der dadurch gebildeten Kammer steht das Wasser mit dem unteren Wasserniveau gleich, während das am oberen Schleusentor stehende Wasser 2,3 – 2,6 m höher ist. Am Unterhaupt der Schleuse sind zwei Tore noch angebracht, damit beim Durchschleusen gewöhnlicher Schiffe von ungefähr 23 m Länge nicht unnötigerweise die ganze 32 m lange Kammer gefüllt werden muss. Soll ein Schiff von der höher liegenden Kanalhaltung in die nieder liegende geschleust werden, so wird das untere Tor fest geschlossen und das obere geöffnet, durch dieses fließt nun das Wasser in die Schleusenkammer und wird, da es nicht abfließen kann, angestaut. Steht nun das Wasser in der Schleusenkammer mit dem Wasserspiegel der oberen Kanalhaltung ganz gleich, so fährt das Schiff in die Kammer selbst, die oberen Tore werden dann geschlossen und die unteren geöffnet, und durch diese fließt das Wasser in der Kammer wieder ab; hat sich das Schiff bis zum unteren Wasserspiegel herabgesenkt, so kann es seine Fahrt auf der niedriger liegenden Haltung wieder weiter fortsetzen. Kommt ein Schiff auf der niedriger liegenden Haltung an die Schleuse, so werden die unteren Tore geöffnet und das Schiff fährt in die Kammer, diese werden sogleich geschlossen, die oberen aber geöffnet, damit das Wasser aus der höheren Haltung einströmen kann. Das Schiff hebt sich allmählich in die Höhe und fährt, wenn das Wasser in der Kammer mit dem der oberen Haltung gleiches Niveau hat, aus der Schleuse in die obere Haltung. Dass die Schleusen ungemein fest gegründet und gebaut sein müssen, ist leicht einzusehen, da sie dem Druck des Wassers ausgesetzt sind, eine noch größere Wasserlast liegt aber auf den Umläufen oder den Kanälen, die zum Füllen und Leeren der Schleusenkammern dienen. Es sind dies genauschließende Ventile, die in den Schleusentoren unten angebracht sind und mittelst einer Vorrichtung allmählich geöffnet werden, erst, wenn die Kammer ganz mit Wasser gefüllt ist, werden die Tore zurückgezogen.

Die bei dem Ludwigs-Kanal anzuwendenden Schleusen ließen zwei Konstruktionspläne zu, deren wesentlicher Unterschied in der Fundamentierung beruht, diese konnten entweder aus Bruchsteinmauerwerk in halbhydraulischem Kalk oder aus Beton bestehen. Bei der Fundamentierung mit Bruchsteinmauerwerk, welche überall angewendet wird, wo man das Wasser fortschaffen kann, ging man bis auf den guten Boden herab, weswegen die Dicke desselben sehr verschiedenartig ausfiel; die Betonfundierung wandte man nur dort an, wo man nicht im Stande war, das Wasser bequem und ohne Gefahr zu entfernen.

Mit ungemeiner Tätigkeit und überraschendem Erfolg wurden die Arbeiten auf der ganzen Linie des Kanals gefördert. Es waren bis Mitte Dezember 1836 über 3000 Arbeiter beschäftigt. Die in Akkord gegebenen Ausgrabungen in einer Länge von rund 45 km waren schon ziemlich weit fortgeschritten, und im nächsten Jahre konnte schon eine gleiche Strecke Unternehmern übergeben werden, wie auch einzelne der Maurer- und Steinhauerarbeiten. Die in Angriff genommenen Arbeiten boten im Allgemeinen wenig besondere Schwierigkeiten dar mit Ausnahme von 10 km Länge, welche teils wegen sehr tiefer Ausgrabung teils wegen sehr hoher Dämme längere Zeit zu ihrer Vollendung in Anspruch nahmen.

Mit den Durchschnitten, welche die Schiffbarmachung der Altmühl erforderte, wurde ebenfalls begonnen, und diese boten nicht ungewöhnliche Hindernisse dar, indem der Fluss sich in den launenhaftesten Krümmungen durch das Altmühltal wendet und die Beschränkungs- und Vertiefungsarbeiten von Neuessing und Schellneck, in dessen Nähe eine Felsenschlucht zu durchbrechen war, allein schon auf eine Länge von 5,2 km sich erstreckten, nicht minder bedeutend waren sie talaufwärts.

Um der vielfach verbreiteten Meinung, als ob ein großer Teil des Ludwigs-Kanals nicht wasserdicht gemacht werden könne, weil eine Strecke von rund 90 km in tiefem Sandboden gegraben werden müsse, zu begegnen, und um augenscheinlich darzutun, dass Sand ein gutes Filtermittel für unreines Wasser ist und für dasselbe bald undurchdringlich wird, machte Pechmann nach einem schon im Kleinen gemachten Versuch noch einen andern im Großen. Er ließ einen bereits ausgegrabenen 600 m langen Kanalteil unten mit einem Erddamm verschließen und das von oben

Kanalhafen von Neumarkt.

herabkommende Quellwasser, das von dem im ausgegrabenen Sand enthaltenen wenigen Ton getrübt war, hineinleiten. Ungeachtet dieses Quellwasser nur 13 l in der Sekunde betrug, so stieg doch das Wasser in diesem ganz aus trockenem Sande bestehenden Kanalteile binnen vier Tagen 90 cm hoch und machte nach Verlauf mehrerer Tage den Sandboden ganz wasserdicht. Die Möglichkeit, dem ausgegrabenen Kanal an allen Stellen durch die Kunst zu Hilfe zu kommen, war schon deshalb gegeben, da überall in mäßiger Tiefe sehr wasserdichter Ton in Überfluss sich vorfand. Wohl ließ der Kanal, als er anfangs mit Wasser angefüllt wurde, viel Wasser durchsickern und brachte dadurch den nahe liegenden Äckern und Wiesen einigen jedoch nicht erheblichen Schaden, eine völlige Versumpfung derselben, die mancher Ängstliche fürchtete, erfolgte aber nirgends, durch die allmählich nur zu erzielende Verdichtung des Kanalbodens und der Kanalwände wird die Durchsickerung ganz aufhören. Zu den Erdwänden wurde zwei Drittel sandfreier Kiesel oder geschlagene Steine und ein Drittel Erde verwendet, die daraus gebildete Schicht ließ nach einiger Zeit kein Wasser mehr durch.

Der Kanal durchkreuzt Haupt- und Nebenwege und zerreißt Grundstücke in zwei Teile, da dadurch die Kommunikation zerstört wurde, so musste diese durch neu angelegte Brücken wieder hergestellt werden. Drei Arten von Brücken, deren man auf der ganzen Linie 117 zählt, wurden angewendet. Hölzerne Brücken mit steinernen Widerlagern und mit Leinpfaden, diese wurden für Feldwege und Distriktstraßen gebaut und erhielten eine Breite von 4,4 – 5,3 m an den Widerlagern, ihre Konstruktion

ist die, welche man häufig in Niederösterreich auf den Straßen findet. Je zwei nach ihrer ganzen Länge übereinander liegende Balken, voneinander durch kurze Balkenstücke getrennt, bilden durch eiserne Schraubenbolzen verbunden, links und rechts die Geländer und die Hauptträger der ganzen Fahrbahn. Die Leinpfade unter diesen Brücken schließen sich nicht schräg, sondern mittelst zweier Kurven an die Normalbreite der Kanal- und Brückenöffnungen an, wodurch der gleichförmige Zug der Pferde, wenn sie Schiffe ziehen, möglichst wenig unterbrochen wird. Die zweite Art sind steinerne Brücken ohne Leinpfade, sie wurden in der Gegend der Sandsteinformation angelegt, wo der Stein wohlfeil ist und die Straßen wenig frequent sind. Die dritte Art bilden Brücken mit Leinpfaden auf Hauptstraßen oder solchen Straßen gebaut, welche der Kanal durchschneidet und deren sehr frequente Passage durch den Leinzug, wenn er über den Brückendamm ginge, eine Störung erleiden würde. Die Leinpfade verjüngen sich dann, die Widerlagerbreite dieser Brücken beträgt 8,2 – 8,8 m, die Wölbung hat einen flachen Kreisabschnitt, dessen Höhe beiläufig ein Viertel der Spannung beträgt.

Der Bau des Kanals erlitt durch den Winter, so weit er in Betrieb gesetzt worden war, keine Unterbrechung, die Führung des großen Werkes ging ruhig vorwärts, überall suchte die Kanalverwaltung auf gesetzlichem Weg des gütlichen Übereinkommens den für die neue Wasserstraße nötigen Grund und Boden zu erwerben. Der Umstand bot dabei besondere Erleichterung, dass die Verwaltung bei immer voller Kasse im Stande war, die beiderseits angenommenen Kaufpreise sogleich barer

Hinausbezahlung den betreffenden Distriktbehörden zur Disposition zu stellen, wenn nicht dies durch die hie und da notwendig gewordene Beseitigung grundherrlicher und hypothekarischer Anforderungen verzögert wurde. Nur wenige Verkäufer in einzelnen Gemeinden nahmen die angebotenen Preise nicht an und mussten auf den Rechtsweg verwiesen werden, doch konnten sie die Arbeit nach dem Expropriationsgesetz vom 14. August 1815 nicht hindern.

Die Arbeiten am Ludwigs-Kanal selbst lieferten durch ihr rasches Voranschreiten im vergangenen Jahre ein mehr als befriedigendes Resultat. Im Altmühltal waren alle Aushebungen für die nötigen Durchstiche versteigert und die Arbeit, obwohl zweimal durch Hochwasser gehemmt, angefangen. Am eigentlichen Kanal war im Oktober von der Altmühl an durch das Ottmaringer Tal eine Strecke von rund 5 km in Arbeit genommen und so weit hergestellt worden, dass man ihrer Vollendung in den ersten Monaten des nächsten Baujahres entgegen sehen konnte. Bei Neumarkt wurde das I. Arbeitslos fast ganz erledigt und die Arbeit im II. und III., welche den tiefen Einschnitt umfassten, begonnen. In der Gegend von Nürnberg hatte man die Kanalarbeit vom Reichswald bis unterhalb Poppenreuth in einer Länge von fast 18 km in verschiedenen Abteilungen angefangen, und trotz der bedeutenden Einschneidungen und Aufdämmungen war doch die Herstellung dieser Linie im Laufe des Sommers zu erwarten. Bei Erlangen war von der Windmühle bis unterhalb Baiersdorf eine Strecke von mehr als 9 km in Arbeit genommen, und der Kanal, der hier tief eingeschnitten und gegen die Hochwasser der nahen Regnitz einge-

dämmt werden musste, so weit hergestellt, dass man die Frühjahrswasser nicht zu fürchten hatte. Im Weichbilde der Stadt Bamberg war der Nonnengraben, durch den man die Mühlen der Regnitz umging, in die Hälfte mit steinernen Böschungen versehen und zwei Separationswerke an der Ausmündung in den Hauptfluss waren hergestellt. Im Laufe des Winters 1837/38 wurden Erdarbeiten in einer Länge von 36 km an die günstigsten Anbieter überlassen, so dass kaum die Hälfte zum Vergeben übrig blieb, auch Schleusen- und Brückenarbeiten wurden zur Versteigerung vorbereitet. Der Bau einiger Schleusen bei Nürnberg war begonnen und für den Brückenkanal bei Doos lag eine bedeutende Anzahl von Quadersteinen bereit, bei Neumarkt, Nürnberg und Bamberg hatte man die Baugruben für mehrere Schleusen ausgegraben. Die schwierige Fundation der Schleusen an der Kanalausmündung in die Regnitz in der Nähe der letzteren Stadt, sowie die eines Durchlass mit Beton war vollendet. Man eröffnete längs der Kanallinie Steinbrüche und erhielt namentlich bei Wendelstein und im Altmühltal treffliches Material.

Die durch den Winter an wenigen Stellen unterbrochenen Arbeiten wurden mit dem Beginn des nächsten Frühjahrs mit erneuter Tätigkeit fortgesetzt, und mit den schwierigen, zum Teil auch kostbaren Bauten, mittelst welcher der Kanal zwischen der Regnitz, den Mühlen außerhalb Erlangen und dem ganz nahe daran liegenden, den Raum beschränkenden Berg geführt werden musste, der Anfang gemacht, sowie auch mit der Einmündungsschleuse des Kanals in die Donau bei Kellheim und mit dem dortigen Kanalhafen. Am Ende des Baujahres war dieser und die Bau-

Der Grubenbacher Damm bei Neumarkt.

grube der Schleuse bis zum niedrigsten Wasserstand der Donau und der Altmühl ausgegraben und die Pfähle für den Pfahlrost, der die von der Schleuse bis zur Donau sich ausdehnenden Ufermauern zu tragen hat, größtenteils geschlagen; mit dem Mauerwerke, für welches die Steine auf dem Bauplatz behauen bereitlagen, konnte man schon 1839 beginnen.

An der Altmühl wurden in diesem Jahr alle Durchstiche und Geradelegungen, welche die launenhaften großen Krümmungen des Flusses forderten, vollendet und das alte Flussbett mit Steinen verschlossen; man leitete das Wasser in die Durchstiche und hoffte, dass der Fluss selbst diese zu der Normalbreite erweitern und dadurch die für die Schifffahrt nötige Tiefe erhalten werde. Der sich mehr als 5 km durch das Ottmaringer Tal ziehende Kanal wurde auf dieser ganzen Strecke ausgegraben, die Fortsetzung desselben auf 7 km bis Derching aber durch die unerwarteten Verzögerungen bei der Erwerbung der Grundstücke gehindert, erst das Exproprationsgesetz, welches von den Ständen des Reiches 1837 beraten und im Landtagsabschiede sanktioniert wurde, beseitigte die hie und da sich ergebenden Schwierigkeiten. In der obersten Kanalhaltung bei Neumarkt boten sich die größten und schwierigsten Arbeiten dar, denn tiefe Einschnitte und mehr oder minder hohe Dämme wechseln hier ununterbrochen miteinander ab und die Ausgrabungskosten von nur 24 km nahmen nach dem Überschlag allein schon 40 % der Ausgrabungskosten für den ganzen Kanal in Anspruch. Die Sektion enthielt ein Drittel der Erdarbeiten für die ganze Linie. Denn außer dem schon erwähnten großen Einschnitt bei Neumarkt mussten hier auch noch

zwei bedeutend lange Dämme 18 – 20 m hoch über den Ketten- und Grubenbach aufgeworfen werden, bei Ölzbach und Dörlbach waren bedeutende Einschnitte zu machen.

Die Kanallinie wird in dieser obersten Haltung von vielen Bächen durchschnitten, die alle unter dem Kanal geleitet werden mussten, sie erforderten eine nicht geringe Anzahl von größeren und kleineren Durchlässen; drei derselben wurden noch im Jahr 1837 vollendet und mehrere angefangen. Der vortreffliche hydraulische Kalk, den man in dieser Gegend fand, erleichterte die Maurerarbeit bei den Durchlässen sehr, indem er schon nach einigen Tagen die Härte des Steines erhielt; man wandte ihn auch bei der Erbauung der nicht zu weit entfernten Brücken und Schleusen an. Dass diese Bäche viele Arbeit und vorsorgliche Berücksichtigung der Lokalitäten in Anspruch nahmen, ergibt sich aus der Lage des Kanals, der hier in einer großen Kurve sich an den Bergen in ansehnlicher Höhe hinzieht. Von den Anhöhen ergießen sich viele besonders im Frühling bei rasch eintretendem Tauwetter gefährlich anschwellende Bäche und eilen den tiefer liegenden Tälern und Gründen zu. Ein Bach z. B., der Wipfelsbach, der auch mittelst eines gemauerten Durchlass unter dem Kanal geleitet werden musste, hat in der Länge von ungefähr 2 km ein neues Bett, dessen Ufer mit Steinplatten und Ton bekleidet sind, erhalten. Ähnliche Rektifikationen kamen auch bei anderen dieser in heißen Sommern fast versiegenden Bäche vor. Bei den Ausgrabungen in dieser Gegend traf man überall auf Quellen, auf welche man nicht gerechnet hatte und auf die man auch gerade bei der Entwesung des Planes nicht rechnen konnte, durch sie wurde dem Kanal die nötige Wassermenge, wenn jemals gegen das Aufbringen derselben irgendein gegründeter Zweifel noch vorhanden gewesen wäre, um so mehr gesichert.

Am Anfange dieser Kanalhaltung, welche in einer Länge von ungefähr 22 km die mannigfaltigsten und schwierigsten Bauten und Arbeiten erforderte, waren 2 km schon ganz vollendet, die übrigen Grabungen in einer Ausdehnung von 10 km schritten sichtbar schnell vorwärts, doch war vorauszusehen, dass der zur Vollendung aller versteigerten Arbeiten bestimmte Termin von längstens vier Jahren nur schwer eingehalten werden könne. Von dem ansehnliche Dämme und Einschnitte haltenden Teile dieser Kanalstrecke waren am Ende des Baujahrs schon große Mengen Erde teils ausgegraben, teils zu Dämmen verwendet, von dem großen Einschnitt bei Neumarkt hatte man ein Viertel ausgehoben. Von der obersten Kanalhaltung an bis Röthenbach an der Schwarzach wurden die Erdarbeiten in einer Länge von ungefähr 13 km beinahe ganz vollendet mit Ausnahme eines in einem kleinen Tal auszuwerfenden hohen Dammes. Bereits hatte man den Anfang mit der Ausgrabung bei Wendelstein gemacht, wo der Kanal zum Teil in steinigem Boden ausgebrochen werden musste, eine Arbeit, welche auch im Winter vorgenommen werden konnte, weshalb die Tätigkeit an dieser Stelle durch die eintretende Kälte nicht unterbrochen wurde. Von dem Punkt im Reichswald gegenüber von Königshofen, wo in der Sektion Nürnberg mit der Ausgrabung begonnen worden war, war der Kanal bis nahe an Nürnberg ungefähr 7 km lang ausgegraben, von dort aus war man schon bis an die Nürnberg-Fürther Eisenbahn vorge-

rückt und jenseits der Pegnitz bei Doos und Poppenreuth sah eine Strecke von beiläufig 3 km, wozu auch der für Fürth bestimmte geräumige Kanalhafen in den Anschlag gehörte, ihrer baldigen Vollendung entgegen. Der Sandboden dieser Gegend machte die Bekleidung der Seitenwände des Kanales oder der Uferböschungen mit wasserdichtem Ton nötig, man fand diesen im Kanal selbst an vielen Stellen und große kilometerlange Strecken wurden damit bekleidet.

Nachdem der Bau von ungefähr 46 Schleusen und der Brückenkanal über die Pegnitz bei Doos zwischen Nürnberg und Fürth an dazu geeignete Unternehmer übergeben war, konnten im September noch weitere 17 Schleusen und der bedeutende Brückenkanal über die Schwarzach oberhalb Röttenbach bei St. Wolfgang, der 125 m lang, 14,6 m weit und 17½ m hoch war, zur Versteigerung an die Wenigstnehmenden gebracht werden. Zugleich wurden noch einige bedeutende Erdarbeiten in den Landgerichten Neumarkt, Nürnberg und Erlangen sowie die für 41 Schleusen aus Eichenholz herzustellenden Schleusentore ausgeschrieben. Die Bauunternehmer mussten sich verpflichten, die übernommenen Mauerwerke nach vier Jahren zu vollenden, eben so hatten die Akkordanten für die ungefähr 82 km, also nahe an zwei Drittel der ganzen Linie betragenden ihnen übergebenen Erdarbeiten die Verbindlichkeit übernommen, binnen einem Jahr die Ausgrabungen zu vollenden.

Der Brückenkanal über die Pegnitz war mit den beiden Widerlagern schon Anfangs August 1837 über dem Wasser. Der Gewölbebogen dieses 17½ m weiten und 9 m hohen wichtigsten Gebäudes des Kanals, welches in diesem

Der Distellochdamm von unten gesehen.

Jahr angefangen worden war, wurde am Ende des Monats November geschlossen. Zwei gemauerte Brücken, die eine bei Maiach, die andere bei Röttenbach wurden vollendet, drei Schleusen bei Nürnberg so weit hergestellt, dass nur die Seitenwände derselben aufzubauen waren, und für andere vier Schleusen oberhalb der Stadt war die erste Schicht der Fundamente gelegt.

Die Arbeiten an der Windmühle bei Erlangen begann man mit der Abgrabung der Hauptstraße, welche zwischen der hart anliegenden Abdachung des breiten Berges und dem rechten Ufer der Regnitz sich zieht. Durch diesen von den Gebäuden der die Wasserkraft benützenden Fabriken noch mehr beengten Raum musste der Kanal geführt werden, deshalb gehört auch diese nur einige Hundert Meter lange Strecke wegen der bedeutenden Mauerwerke zu den kostspieligsten Bauten auf der ganzen Linie. Im September 1836 wurde die von der Windmühle bis über Baiersdorf hinausgehende 7,9 km lange Kanalhaltung angefangen und schon im Monat März 1837 waren 2,3 km ausgegraben und ein 1,8 km langer Damm zur Abhaltung des Wassers vom Kanal aufgeworfen worden und die dem Fluss zugewendete Seite mit Rasen überkleidet. Die Ausgrabung der Strecke bis Baiersdorf machte rasche Fortschritte, so dass eine Gesellschaft Erlanger eine Schifffahrt nach dem zwei Stunden entfernten Baiersdorf unternehmen konnte. Die zahlreichen Teilnehmer hatten sich in drei Schiffe verteilt, die bei der Tiefe des vorhandenen Fahrwassers sämtlich von einem Pferd gezogen wurden. Freudiger Zuruf empfing die neue Erscheinung in dem Städtchen, zu welchem vor 20 Jahren nicht einmal eine fahrbare Landstraße geführt hatte. Der Kanal wurde von dieser Zeit an bis über eine halbe Stunde unter Baiersdorf mit Schissen, welche zum Transport der Erde dienten, befahren.

In einer Länge von 4 km waren die Ausgrabungen in den Markungen der Dörfer Eggolsheim, Neuses und Altendorf begonnen, von Hirschaid bis an die Negnitz bei Bughof war der Kanal 11 km ausgehoben mit Ausnahme eines kleinen Stückes, das wegen der noch auszuführenden Durchleitung eines von Strullendorf herabkommenden Baches in diesem Jahre nicht vollendet werden konnte. Bei Bamberg fand man es zweckmäßiger, für die Schleuse am Walkerspunde die Stelle gegenüber in den Fischwinterungen zu nehmen, diese wurde sofort angekauft und mit dem Ausgraben des Grundes begonnen. Sie bot in ihrem Bau die meisten Schwierigkeiten dar, denn der Grund musste in einer Wassertiefe von mehr als 3,5 m gelegt werden. Der Nonnengraben, in welchen die Schiffe aus dem Fluss 3,5 m tief mittelst der Schleuse hinabgelassen werden, bildet das Ende des Kanals von der Pegnitz oberhalb Bamberg bis an den Krahnen in einer Länge von 730 m, er erforderte eine Vertiefung von 1,8 m, war auf die Breite des Kanals zu beschränken und sollte mit gepflasterten Uferböschungen versehen werden. Die schon im vorigen Jahre gegründete Schleuse beim Bughof gab Anlass zur Anwendung der in Frankreich zuerst, in Deutschland bis dahin noch nicht angewandten Gründung unter Wasser mittelst eines aus einer Masse von kleingeschlagenen Steinen und Mörtel von hydraulischem Kalk gebildeten wasserdichten Kastens. Man erreichte in einer Tiefe von 3,5 m den beabsichtigten Zweck vollkommen und bald konnte man den unteren wichtigsten Teil der Schleuse – die Sohle – von ausgezeichnet schön gehauenen Steinen beinahe ganz im Trockenen vollendet sehen. An der Gründung der oberhalb nächsten an 2,6 km entfernten Schleuse wurde ebenfalls noch in diesem Jahre tätig gearbeitet und die Arbeit tunlichst rasch gefördert.

Erwägt man, dass die Arbeiten am Ludwigs-Kanal im Jahr 1836 wegen den vorzunehmenden geometrischen und hydrometrischen Arbeiten, der Bearbeitung der Kostenberechnungen für die Unternehmer und wegen der vorher zu berichtigenden Grundentschädigungen erst kurz vor Beginn des Herbstes, zum Teil auch noch später beginnen konnten, so ist das Ergebnis am Schluss des Baujahrs 1837 ein überraschendes und nur durch den angestrengtesten und hingebendsten Fleiß der Leiter und Ordner des Baus konnte dies erzielt werden. Auf der ganzen Kanallinie waren über 6000 Menschen beschäftigt, die Beaufsichtigung und Unterbringung dieser aus allen Gegenden herbeiströmenden Arbeiter war keine leichte Aufgabe, doch wurde durch die Energie der betreffenden Behörden die hie und da wohl auch getrübte Ordnung stets aufrechterhalten. An einzelne Stellen der Kanallinie, wo die Dörfer zur Beherbergung der Arbeiter entweder zu entfernt lagen oder nicht genug Raum darboten, wurden eigene große Gebäude angelegt, welche, Kasernen ähnlich eingerichtet, mehreren Hundert Arbeitern Unterkunft gegen geringe Vergütung gewährten. Für die Verpflegung der Erkrankten war auf der ganzen Linie geeignete Vorsorge getroffen, die derselben Bedürftigen wurden in Spitälern oder in Privathäusern untergebracht, zur Deckung der sich ergebenden Kosten wurde jedem bei dem Kanal beschäftigten Arbeiter für den Arbeitstag ein halber Kreuzer abgezogen. Der Gesundheitszustand eines jeden Arbeiters musste vor der Ausstellung der Aufenthaltskarte durch den betreffenden königlichen Gerichtsarzt konstatiert sein. Die Lebensmittel standen in den Gegenden, durch welche der Kanal sich zieht, in keinem zu hohen Preise.

Im Jahr 1838 konnten die Arbeiten um so größere Fortschritte machen, da die Grunderwerbungen auf der ganzen Kanallinie ins Reine kamen und die letzten Hindernisse in der Durchführung derselben bei Forchheim dadurch beseitigt wurden, dass diese als Festung aufgegeben wurde. Gleich im ersten Monat kamen bedeutende Strecken von Erdarbeiten in den Landgerichten Neumarkt, Erlangen und Forchheim zur Versteigerung, wie auch die Brückkanäle bei der Gößeltalmühle bei Beilngries, bei Oberlindelburg in der Nähe von Altdorf, über den Gaugsbach bei Röttenbach (St. Wolfgang), über den Kreuzbach im Landgericht Nürnberg, einer im Landgericht Erlangen und die vier Brückenkanäle über die Wiesent bei Forchheim vergeben wurden. Im Laufe des Jahres konnte mit dem Bau mehrerer ebenfalls ausgeschriebener Schleusen, Durchlässe, Kanalbrücken und des Kanalhafens bei Forchheim begonnen werden, an den Kostenvoranschlägen und Zeichnungen für die übrigen Baulichkeiten wurde unausgesetzt gearbeitet. Der bis in die Mitte Juni anhaltende hohe Wasserstand der Donau und der Altmühl hinderte die Arbeiten an der Einmündungsschleuse an der Donau und für den Kanalhafen an Kehlheim bedeutend, doch wurden die Pfahlroste für die Ufermauern, welche den kurzen Kanal von der Schleuse bis in die Do-

Der Distellochdamm von oben gesehen.

nau bekleiden, größtenteils gelegt und auf der einen Seite begann man mit der Maurerarbeit. Im Altmühltal verursachte der wechselnde Wasserstand des Flusses manche Schwierigkeit, doch gelang es, die Bauten an den Durchstichen merklich zu fördern und viele Uferbauten zur Beschränkung des Flusses auf die Normalbreite auszuführen, der 1,2 km lange Kanal, der um das Wehr an dem Eisenhammer bei Schellneck zu umgehen nötig war, wurde größtenteils ausgegraben. Die in diesem Kanal erbaute Schleuse ist auf Felsen gegründet, dieser musste 1,8 m tief unterm Wasser ausgebrochen werden. Im Ottmaringer Tal hatte man mit dem Bau von drei Schleusen begonnen und das Fundament einer vierten gelegt. Von den 30 Schleusen, welche in der 12,5 km langen Kanallinie abwärts von der obersten Kanalhaltung gebaut werden mussten, wurden 20 angefangen, von dem großen Bruckkanal über die Schwarzach hatte man das linksseitige Widerlager auf einem Pfahlrost gegründet und für den über den Gaugsbach zu erbauenden 11,7 m weiten Brückenkanal waren die auf Felsen ruhenden Widerlager fertig, und das Gerüst für das Gewölbe herrichtet. Der in dieser Abteilung aufzuwerfende Damm hatte mit Hülfe einer Eisenbahn, auf welcher die Erde herbeigeschafft wurde, große Fortschritte gemacht, der unter demselben einen oft hoch anschwellenden Mühlbach durchleitende 60 m lange Durchlass wurde ganz vollendet.

Bei Nürnberg waren zwei Schleusen, der große Brückenkanal und ein Schleusenwärterhaus ihrer Vollendung nahe, sieben andere Schleusen hatte man angefangen zu bauen, von dreien derselben war der Schleusenboden fertig. Die Ausgrabung des Kanals war in dieser Gegend, sowie weiter aufwärts

fast ganz beendet und man begann damit von Steinnach an bis Erlangen, von wo eine Strecke von 8,2 km vollkommen ausgehoben war. An den Mühlen bei Erlangen wurden die Strebepfeiler, welche teilweise eingestürzt waren, weil der Berg sie nach der Straßenseite herausdrückte, dauerhafter aufgerichtet und der gefährliche Abhang des Berges terassenförmig abgegraben. Nachdem die ungefähr 5,8 m betragende Abhebung der vorbeiführenden Straße und des übrigen zwischen dem Berge und den Gebäuden befindlichen Raumes vollendet war, konnte man mit der Ausgrabung des hier durchzuführenden mit hohen Ufermauern zu bekleidenden Kanals anfangen. Die Brückenkanäle über die Gründlach und die Schwabach, Bäche, die bei Hochwasser nicht selten eine reißende Strömung erhalten, waren begonnen, ein Widerlager und zwei Pfeiler des letzteren, der drei Öffnungen hat, waren bis zum Gewölbeanfang ausgeführt. Bei Dorchheim, wo der Bau wegen der Festung sich verzögert hatte, war noch eine bedeutende Lücke, zu deren Beseitigung unverzüglich geschritten wurde. Von da an bis zu der Einmündungsschleuse in die Regnitz am Bughof war der Kanal in einer Länge von 20 km ganz ausgegraben, die angefangenen Schleusten sahen ihrer baldigen Vollendung entgegen. Im Ganzen waren über 90 km Länge des Kanals ausgegraben und an 45 km noch in Arbeit, mehr als 20 der über den Kanal führenden Brücken und viele größere und kleinere Durchlässe erbaut, an 48 Schleusen wurde zugleich gearbeitet, sie standen auf verschiedener Stufe der Ausführung von dem Ausgraben der Baugrube bis zur Vollendung. Auf den Ziehwegen und Dämmen des Kanals waren im Herbst 1837 über 7000 Obstbäume gepflanzt worden; sie versprachen rasches Gedeihen und nur wenige gingen in der schnell eintretenden Hitze des Sommer 1838 zu Grunde.

Im Anfange des Jahres 1839 kamen die bedeutenden Erdarbeiten bei Dörlbach, der große 960 m lange und 15 m tiefe Einschnitt, zur Versteigerung. Mechanikus Späth, bekannt im Fach der Mühlbaukunst und Gründer und Besitzer einer bedeutenden Maschinenfabrik am Dutzendteich in der Nähe Nürnbergs, übernahm die Ausführung, eine Aufgabe, die schwierig genug war und nur von einem Mann, dem alle Mittel der Technik zu Gebote standen, in überraschender Weise gelöst werden konnte. Die zu durchschneidende Höhe bestand zum Teil in hartem Kalkstein, der mit Pulver gesprengt werden musste, und mit welcher Tätigkeit dies geschah, beweist der große Verbrauch von Pulver, denn täglich verwendete man davon an 150 Pfund zu 200 Steinschüssen, die eine große Menge von Steinen in die Luft schleuderten. Die dadurch gewonnenen Steine bildeten auf beiden Seiten des Einschnittes und in der Nähe desselben ansehnliche Dämme. An dem nordwestlichen Ende des Einschnittes, wo die Arbeit durch Steinschichten weniger erschwert war, wurde die ausgegrabene Erde durch eine Dampfmaschine in die Höhe gefördert. Die Maschine setzte zwei von Späth sinnreich konstruierte, aus einer langen Kette von kleinen Kästen gebildete Rosenkranzwerke in ununterbrochene Bewegung; die ganze Vorrichtung samt der Dampfmaschine und deren Ofen wurde nach Erfordernis vorwärts gerückt und ließ den ganzen Einschnitt vollständig ausgegraben hinter sich.

Unter die Riesenarbeiten, welche der Kanal in der obersten Kanalhaltung erforderte, gehört der 31,5 m hohe und 320 m lange Damm über das sogenannte Disteldobel, der den Kanal auf seinem Scheitel trägt. Die ungeheuere Erdmasse zum Damm wurde aus zwei tiefen Einschnitten, in die der Kanal an den beiden Enden versenkt ist, ausgegraben und auf Eisenbahnen mittelst besonderer dazu eingerichteter Handwagen herbeigeführt und in die Tiefe geworfen. Ein Durchlass von 146 m Länge, gewölbt und mit einem breiten Wege versehen, leitet einen kleinen Bach ab. An der Aufwerfung dieses Damms wurde, wie überhaupt in der ganzen Sektion, rastlos gearbeitet, so dass im Anfang des Jahres 1840 drei Viertel desselben schon erhoben waren. Der größte Einschnitt, südlich an Neumarkt, bot durch sein rasches Vorschreiten günstige Erwartungen seiner baldigen Vollendung; die Arbeit, welche auf Menschenhände allein beschränkt wohl viele Jahre in Anspruch nehmen konnte, wurde wesentlich durch vier vom Ingenieur Hartmann erfundene und vom Mechanikus Späth ausgeführte Hebemaschinen gefördert. Eine derselben konnte man mit Wasser, das aus dem Kanal selbst hervorquoll, in Bewegung setzen, bei den anderen wurde dies durch Pferde bewerkstelligt.

Die Dämme über den Gruberbach und Kettenbach wurden bedeutend gefördert, die letzteren hatten im Anfange des Jahres 1841 schon die Höhe der Sohle erreicht. Ebenso waren bis zu der oben erwähnten Zeit von den 21 Dämmen, welche die oberste Kanalhaltung erforderte, 17 vollendet.

Schneller als die Kunstbauten gingen die Erdarbeiten ihrer Vollendung entgegen, wiewohl auch jene nicht hintenangesetzt wurden. Obwohl längs der ganzen Kanallinie an 9000 Arbeiter beständig beschäftigt waren, so reichten doch diese nicht hin, um die Arbeiten besonders

Der Dörlbacher Einschnitt mit der neuen Brücke und der sogenannten Kaserne.

zwischen Berching und Neumarkt nach Wunsch fördern zu können, namentlich fehlte es an einer hinreichenden Anzahl von Steinhauern für die Maurerarbeiten bei Erlangen, die bedeutend waren und viele Leute in Anspruch nahmen. Viele Besorgnis und Anlass zu Gerüchten, die dazu dienen konnten, für das große Unternehmen ungünstige Stimmung zu erwecken, gab der Sandboden auf der Strecke von Nürnberg bis Erlangen. Der eigentliche Gebirgsgrund dieser Gegend ist Jurakalk, der sich von Süden bei Donauwörth über die Donau nach dem Fichtelgebirge hinzieht, man findet nun nach den Tälern hin häufig Sandstein in verschiedener Tiefe und von abwechselnder Art, aber man kommt durch die obere Sandschicht häufig auf Lettenboden, der kein Wasser durchlässt, der Kalk, welcher der Sohle des Kanals naheliegt, erscheint als sehr quellenreich. Der Sand lässt das Wasser nur durch die Zwischenräume entweichen, die sich zwischen den Sandkörnern befinden, denn diese selbst sind vollkommen wasserdicht. Er bietet ein gutes Filtriermittel, denn unreines Wasser darauf gegossen sickert rein durch und lässt die trübende Substanz in den Zwischenräumen zurück, wodurch diese allmählich auch wasserdicht werden. Auf diese Erscheinung gründete man die Hoffnung, den Kanal an den sandreichen Stellen vollkommen wasserhaltig zu machen. Der Erfolg des früher angestellten Versuches war so ziemlich entscheidend, aber die im Jahre 1840 in größerem Umfange gemachten Versuche waren geeignet, alle Einwendungen durch vor Augen liegende Beweise zu widerlegen. Zum Trüben des Wassers wurde Ton genommen und dieser aufgerührt; die Kanalsohle musste durch dieses oft wiederholte Verfahren allmählich fester

werden, als eine festgeschlagene Tondecke, denn was in den dicht gewordenen Sandmassen nicht Ton ist, besteht aus für Wasser ganz undurchdringlichen Sandkörnern. Die sieben Kanalhaltungen, in welchen dieses Verfahren angewendet wurde, sind teils oberhalb teils unterhalb Nürnberg und haben zusammen eine Länge von 1,2 km. Der Anfang wurde mit der 1,75 km Fuß langen, den Kanalhafen bei Nürnberg umfassenden, Haltung, deren größere Hälfte aus Ton, die andere aus grobkörnigem das Wasser nicht haltenden Sand besteht, gemacht. Da die Schleusen noch keine Tore hatten, so wurden am Oberhaupt derselben 5,25 m lange Balken eingelegt, welche man, so lange das Wasser in der Haltung stieg, erhöhte, bis es die Normalhöhe von 1,45 m hatte. Ein Erddamm hinter der Balkenlage verhinderte das Entweichen des Wassers durch die Fugen; dieses selbst erhielt man aus einigen kleinen Quellen von der oberhalb liegenden Kanalhaltung und durch einen im September des Jahres 1840 reichlich fallenden Regen. Während nun die angesammelte Wassermasse über die oben Ton enthaltende Kanalsohle floss, versiegte sie schnell und vollkommen in dem sandigen Teil der Haltung. Zum Aufrühren des Tons diente ein viereckiger hölzerner Rahmen mit einem Gitterwerk von Latten, an welche Baumäste und Dornensträucher befestigt waren. Mit Hilfe eines Seils zog nun ein Pferd das mit Steinen dem Zwecke entsprechend beschwerte Gitterwerk, während ein Mann auf der andern Seite dieses durch ein kürzeres Seil in der gewünschten Richtung erhielt, denn man musste die ganze Breite der Kanalsohle allmählich durchziehen. Durch dieses Verfahren wurde das Wasser schnell getrübt und der gehoffte Erfolg blieb nicht aus. Genau angestellte Messungen der zu Gebote stehenden Wassermenge zeigten die allmähliche Abnahme der Versickerung, denn während die Wasserhöhe im Monat September nur 45 cm betrug, war diese nach zwei Monaten schon auf 110 – 120 cm angewachsen.

Die übrigen Haltungen erhielten auf diese Weise dieselbe Dichtigkeit; den dazu nötigen Ton fand man überall in der Sohle selbst, das getrübte Wasser wurde von einer Haltung in die andere geleitet. Nur für eine Strecke von 3,5 km musste man eine hinreichende Menge Ton auf Wagen herbeischaffen. In ruhigem Wasser erhält sich der aufgelöste Ton mehrere Tage lang schwimmend, dieses wird, wenn es auch langsam fortbewegt wird, nicht gleich hell, je länger der Ton sich schwimmend erhält, desto feiner hat er sich aufgelöst und um so mehr verdichtet er. Diese Verdichtung wird sehr fest; als an einer Stelle aufgegraben wurde, war der Sand einen Fuß tief vom hereingeschlemmten Ton durchdrungen und konnte nur mit eisernen Werkzeugen durchgehackt werden.

Der Kanal war 1839 von der obersten Kanalhaltung bis 10 km über Nürnberg, mit Ausnahme einer Strecke von 730 m am Anfange derselben, in einer Länge von beinahe 45 km fast ganz ausgegraben, auch der rund 15 m hohe Damm über das Mühlbachtal beim Dorf Pfeiferhütte hatte schon seine halbe Höhe erreicht. Von dem Dorf Steinach unterhalb Nürnberg bis Erlangen machte das Ausgraben bedeutende Fortschritte, ebenso der längs der Stadt Erlangen 3½ – 4½ m über die dort befindlichen Wiesen aufzuwerfende Damm, der nötig war, um die Höhe für den Brückenkanal über die Schwabach, der drei 5,8 m weite Öffnungen hat und im Jahr 1839

vollendet war, zu erhalten. Diese großen Erdarbeiten kamen überraschend schnell vorwärts; man verwendete dazu an 3 km lange Eisenschienen, auf denen über 100 passend dazu konstruierte Karren hin und her gingen. Über das Tal der Wiesent bei Forchheim musste ein Kanaldamm geführt werden, der Fluss selbst und sein Überschwemmungsgebiet machte die Erbauung von vier Brückenkanälen notwendig, deren Grund gelegt wurde. Da die Erdarbeiten wegen der Aufhebung der Festung Forchheim in dieser Gegend nun nicht mehr hingehalten wurden, so konnte in dieser Sektion rasch damit vorwärtsgeschritten werden, nur da machte man eine Aufnahme, wo Schleusen oder Durchlässe zu erbauen waren, wo jedoch diese schon vollendet waren, wurden die Erdarbeiten ergänzt. Die letzte Schleuse in Bamberg, welche, wie schon erwähnt, in einer Tiefe von 5,3 m gleich der bei Kelheim gegründet wurde, war der Vollendung nahe; als man im Anfang des Sommers 1839 den mit hydraulischem Kalk gebildeten Kasten auspumpte, zeigte sich dieser so wasserdicht, dass die von ihm umgebene Baugrube mit einer einzigen von Zeit zu Zeit in Bewegung gesetzten Handpumpe wasserfrei erhalten werden konnte. Im nächsten Jahr wurden die meisten der angefangenen Schleusen vollendet, so dass von den 91 zu erbauenden Schleusen nur noch 10 übrigblieben. Die bei Schellneck auf Felsen gegründete Schleuse war gebaut; um das Wasser aus der bei Riedenburg angefangenen zu entfernen, wurde eine von Mechanikus Späth sinnreich ausgeführte Maschine, welche ein Wasserrad trieb, angewendet. Sie setzte 4 archimedische, paarweise übereinandergesetzte Schrauben in Bewegung, welche dem gewünschten Zweck voll-

Der Oelsbacher Einschnitt.

ständig entsprachen. Diese aus eisernen Rädern und Getrieben bestehende Maschine wurde auch bei der in der Nähe Dietfurts erbauten Schleuse verwendet, man verdoppelte sie dort, um acht in zwei Stockwerken übereinandergesetzte Wasserschrauben zu treiben. Weil diese Maschine zum Bau dieser Schleuse unumgänglich nötig war, so konnte damit auch nur nach Vollendung der bei Riedenburg begonnen werden.

Viele unerwartete Arbeit verursachte der Bau der Schleuse bei Kelheim, durch welche die Schiffe aus der Donau in die Altmühl gehen. Da bei dem Zudrang des Wassers die Baugrube von demselben nicht entleert werden konnte, so musste man dieselbe Gründungsweise wie bei der Schleuse in Bamberg anwenden, aber man stieß bei dem Ausgraben der Baugrube unter dem Wasser auf nicht erwartete Schwierigkeiten. Der Grund, auf dem man bauen musste, bestand aus festen Kalksteinschichten, welche nur mühsam gebrochen und aus einer Wassertiefe von 4,4 m heraufgebracht werden mussten. Es waren Steinmassen darunter von 3 t an Gewicht. Nach Vollendung dieser zeitraubenden und kostbaren Arbeit wurde ein Kasten aus einem Gemenge von kleingeschlagenen Steinen und hydraulischem Kalk gebildet, in das Wasser versenkt und als er im nächsten Jahre beim Auspumpen des Wassers sich als wasserdicht erwies, mit dem Bau der Schleuse begonnen, sie war im Jahre 1841 vollendet.

Die Hoffnung, dass der Kanal im Jahr 1842 in allen seinen Teilen vollendet sein werde, erfüllte sich nicht. Drei Hindernisse, welche sich an einigen Stellen durch die Beschaffenheit des Bodens oder in Beseitigung obwaltender Umstände ergaben, waren zu bedeutend.

Wenn auch der Kanal in allen seinen Abteilungen als vollendet erscheint, so ist dieser doch nicht als vollendet zu betrachten, denn die Natur muss vollenden, was der Kunst unmöglich ist. Dies gilt besonders der Mitwirkung derselben für die Füllung des Kanals mit Wasser und für die Freihaltung des hinreichend tiefen Fahrwassers. Dass die für die erste Füllung des Kanals hinreichende Wassermenge vorhanden sei, war jetzt eine unwiderlegbare Tatsache; da selbst in dem trockenen Sommer 1842 immer Wasser zu Gebote stand, aber es war vorauszusehen, dass der Kanal, wie auch alle anderen ähnliche Unternehmungen, mehrere Jahre brauchen werde, um ganz wasserdicht zu werden. Die Versickerung musste daher in allen Haltungen, in welche man das Wasser einließ, anfangs groß sein, und gab natürlich vielseitigen Anlass zu Klagen und Beschwerden der Anrainer, aber auch zu den absurdesten Ansichten über die Durchführung des Kanals und über die Möglichkeit der Haltbarkeit desselben. Im Monat Dezember 1837 durchbrach ein schnell eintretendes Hochwasser das noch nicht vollendete Ende der Kanalstrecke von Erlangen bis Bayersdorf und verheerte dieselbe bedeutend. Das Gerücht nun, um em Beispiel für die oben erwähnte Behauptung zu geben, setzte die für die Herstellungen nötige Summe auf 100 000 Gulden an, während diese in der Tat nur einen Aufwand von etwa 6000 Gulden erforderte.

Widerlegungen bei vorgesetztem Vorurteil, dessen Richtigkeit man bis zur Evidenz nachweisen zu können glaubte, wären hier musterhaft gewesen, die Natur musste dies tun, und nach und nach verstummten Klagen, verloren sich durch offen liegende Tatsachen irrige

Meinungen, da sie keinen Halt mehr finden konnten. Die Wassermasse, welche der Ludwigs-Kanal zu seiner Füllung bedarf, ist groß, sie beträgt nach einer ungefähren Berechnung etwa 8 000 000 m³; die oberste große Teilungshaltung erfordert zu ihrer vollkommenen Füllung allein schon 1 500 000 m³ Wasser. Für die erste Füllung des ganzen Kanals dürfte man, nach den gemachten Erfahrungen, weil diese nur allmählich erfolgen konnte, und die Anfangs bedeutende Durchsickerung in Anschlag zu bringen war, wohl das Dreißigfache der oben angegebenen Summe, etwa 240 000 000 m³ Wasser rechnen. Im Laufe des Baus kamen manche Erscheinungen, auf die man bei der Entwerfung des Plans nicht gerechnet hatte, zum Vorschein, und die stets neue Ausgaben in Anspruch nahmen. Dies war besonders bei Grunderwerbungen der Fall. Die an manchen Stellen eintretende Durchsickerung des Kanalwassers rief vielseitige Entschädigungen hervor und machte den Ankauf verschiedener Grundstücke zu einem ihren wahren Wert übersteigenden Preis nötig. Durch Entziehung eines Teils des den Mühlen und Wasserwerken, die nahe am Kanal liegen, nötigen Wassers, verloren diese das zum Betrieb nötige Aufschlagwasser und mussten entschädigt werden. Die Auseinandersetzung mit den Besitzern war eine gewiss schwierige Arbeit, denn diese wurde fast ganz durch gütliches Übereinkommen erledigt. Es wurden 47 Mühlen und Wasserwerke mit 118 Wasserrädern entschädigt, 13 Werke mit 24 Wasserrädern erworben.

Da durch die Füllung des Kanals aus der Schwarzach den abwärts liegenden Mühlen Wasser entzogen wurde, so musste auch dafür Entschädigung eintreten, andere, die das nötige Trieb-

wasser ganz verloren, gingen ein, doch erhielt man sie noch so lange im Gange, bis andere gebaut waren, wie für die bei Neumarkt abgetragenen Mühlen eine großartige englisch-amerikanische Mühle am Leitgraben erbaut wurde.

Die Umgestaltung der Altmühl, welche von Dietfurt bis Kelheim an einzelnen Stellen bedeutend ist, blieb nicht ohne Einfluss auf die Fischerei; die Erwerbung derselben stellte sich als notwendig dar, doch konnte nicht sogleich mit den berechtigten Fischern ein befriedigendes Übereinkommen getroffen werden, weshalb diese einen Rechtsstreit einleiteten.

Bedeutende Maurerarbeiten erforderte die fast 580 m lange Strecke an der sogenannten Windmühle nahe an Erlangen die Schwierigkeit, den Kanal hier zwischen den an der Regnitz liegenden Mühlen und dem Berg durchzuführen, wurde noch erhöht, da den ganzen gebotenen Raum die Nürnberg-Bamberger Hauptstraße einnahm, musste deshalb diesen gegen den Kanal hin erweitern und die Erhöhung, über welche die Straße führt, zweckgemäß abtragen, die an der Seite des Berges durch die Abgrabung entstehenden Wände wurden mit starken Stützmauern bekleidet und am Fuß desselben die Straße neu gelegt. Demungeachtet blieb der Raum noch zu beschränkt, um dem Kanal die Normalbreite geben zu können. Es wurden 7 m auseinanderstehende senkrechte Ufermauern, die zum Teil bis zu 8,75 m hoch sind, gebaut, und in der Mitte ein Ausweichplatz angelegt. Für diese kurze Strecke waren zwei Kammerschleusen notwendig, die zugleich mit dem gemauerten Kanal ausgeführt wurden. Die Stützmauer, mit behauenen Steinen nach Art des altrömischen Mauerwerks

Der Gauchsbach Brücken-Kanal bei Kugelhammer.

bekleidet, ist ungefähr 440 m lang und wurde, um dem gewaltigen Drucke des Berges größeren Widerstand leisten zu können, terrassenförmig in mehreren Abteilungen in ansehnlicher Höhe auferbaut. Die Abgrabung der Straße, deren Erde zum Teil beim Auswerfen des Dammes über die Wiesen an Erlangen benutzt wurde, und ihre neue Anlage, die Stützmauer, und der gemauerte Kanal samt den Schleusen, der Brückenkanal über die Schwabach und der 622 m lange im Mittel 4,4 m hohe Damm nahmen bedeutende Summen in Anspruch, sämtliche Arbeiten, die sich auf einen Raum von etwa 1,2 km beschränkten, wurden 1837 angefangen und waren 1841 vollendet. Die zu dem Mauerwerk nötigen Steine wurden in der Nähe gebrochen, der in dieser Gegend vorkommende bunte Sandstein liefert Baumaterial von erwünschter Güte; der sich findende hydraulische Kalk ist ausgezeichnet, und verhärtet schon nach wenigen Tagen, wie man an dem 17,5 m weiten und 8,8 m hohen Brückenkanale bei Doos zwischen Fürth und Nürnberg, der 1939 vollendet war, und an den Fundamenten der Schleusen die Erfahrung machte.

Der größte der zu erbauenden Brückenkanäle führt über die Schwarzach, oberhalb Röthenbach, er musste auf Pfahlrost gegründet werden, und enthielt einen 14,6 m weiten Bogen, und eine Höhe von mehr als 17,5 m. Dieses schöne Bauwerk, angefangen 1839 und 1841 vollendet, erlitt durch den Druck der zum Teil feuchten Füllerde eine bedeutende Beschädigung; die langen Flügelmauern auf der linken Uferseite waren aus ihrem lotrechten Stand gewichen, und dies zog die Trennung der Bogenstirnen nach sich. Man hoffte anfangs den durch die unvermutete

Erscheinung herbeigeführten Schaden reparieren und die Brücke erhalten zu können, doch zeigte sich bald die Unzulänglichkeit aller angewandten Mittel, die Notwendigkeit, sie abzutragen, ergab sich bei der näheren Untersuchung.

Der 11,7 m weite Brückenkanal über den Gauchsbach, der auf Felsen gegründet ist, wurde 1839 vollendet, in welchem Jahre die kleineren Brückenkanäle wie der gegenüber der Eglasmühle zwischen Beilngries und Berching 2,6 m weit; der über die Gründlach zwischen Fürth und Erlangen 6,4 m weit; der über einen kleinen Bach bei Erlangen 14 Fuß weit und der über den Kreuzbach zwischen Baiersdorf und Forchheim 4 m weit, alle vollendet waren. Die vier den Kanal über das Tal der Wiesent bei Forchheim und über diese selbst führenden Brücken erhielten zusammen 19 Öffnungen, jede 5 m weit, diese wurden mit Platten von Gusseisen bedeckt, sie waren 1841 vollständig ausgeführt. Im vorhergehenden Jahre waren die Kanalhäfen bei Kehlheim, Neumarkt, Nürnberg, Fürth, Erlangen und Forchheim mit Umfangsmauern versehen und die meisten Anlandeplätze angelegt worden. Am Altmühlfluss sind 3, am Kanal 19, zusammen 22 Häfen und Anlandeplätze, bei mehreren der letzteren zeigte sich die Notwendigkeit zu ihrer Vergrößerung, weil auf die Schiffe, welche aus den Flüssen kamen, Rücksicht zu nehmen war, und diesen beim Umwenden der nötige Raum geboten werden musste, für die Kanalschiffe, welche durch bloßes Umhängen des Steuerruders zum Rückwärtsfahren, ohne sie zu wenden, eingerichtet sind, wären sie groß genug gewesen.

Den Kanalufern musste besondere Sorgfalt gewidmet werden, um sie vor dem Andrang des Wellenschlags zu bewahren, denn diesem widersteht selbst der festeste Boden nicht lange, daher deckte man versuchsweise die Kanalufer in der Breite, in welcher ihnen jener schaden kann, mit einem Steinpflaster, und als man von dem Erfolg überzeugt war, wurde dieses auf größere Strecken angewandt. Die Schleusen waren 1841 alle vollendet, doch zeigten später Lokaluntersuchungen, dass die für die Altmühl bestimmten drei Schleusen nicht hinreichten, sondern dass noch mehrere Neuvorrichtungen nötig waren, und zwar an den Stellen, wo die Vertiefung des Flusses entweder durch weit ausgedehnte Felsenlager oder durch langjährige Versickerung hart gewordenes Lager von Flussgeschieben erschwert wurde.

Die Schiffbarmachung der Altmühl, die man bald zu Stande zu bringen hoffte, verzögerte sich von Jahr zu Jahr und immer fanden sich neue Hindernisse, auf die man bei der Vertiefung und Beschränkung auf die Normaltiefe stieß. Der Fluss sollte dabei das meiste tun, fügte sich aber nur langsam in den ihm auferlegten Zwang. Die ohnehin schon schwierigen Arbeiten wurden noch dadurch vermehrt, dass man unterhalb Schelleneck bei Oberau auf dem Grund des Flusses in der Länge von ungefähr 380 m eine harte Felsschicht fand, die mit einem Fangdamm umgeben wurde und in einer Breite von 7,3 m bis zu einer Tiefe von 1,8 m teils mit Pulver gesprengt, teils herausgebrochen werden musste. Weiter abwärts nach Kelheim in einer Länge von 5,3 km fanden sich bei den für die Herstellung der Schiffbarmachung notwendigen Arbeiten noch manche Stellen, wo der Fluss, wenn auch auf die Normalbreite beschrankt, sich wegen des festen Bodens nicht selbst vertiefen konnte, sondern

durch künstliche Hilfe diese herbeigeführt werden musste. Es waren dies langwierige und kostbare Arbeiten, deren Notwendigkeit erst erschien, als man mit der eigentlichen Flusskorrektion begonnen hatte. An anderen Stellen war der Fluss sehr versandet und bedurfte einer nachhaltigen Hilfe, man wandte zur künstlichen Ausbaggerung des Bettes drei Baggermaschinen mit verbesserter Konstruktion und mehrere Handbaggern an und benutzte das herausgeschaffte Material zur Aufdeichung der Ziehwege und Uferböschungen. Bei Kelheim mussten die Ufermauern des Kanalteils zwischen der Schleuse und der Donau angeschlossen werden und obwohl nur kurz, doch wie die Schleuse selbst, auf die nämliche Masse gegründet werden, auf der versteckten Masse erhob sich das Mauerwerk, zu dem man das trefflichste Material in den berühmten Steinbrüchen bei Kelheim verwendete.

Man findet dort den berühmten Kalkstein, der feinkörnig, weißglänzend und marmorhart für den Bau der Ludwigskirche und die Festung Ingolstadt verwendet wurde, und jenen grünlichen Sandstein, von dem die Residenz, die Isarbrücke in München und die Einmündungsschleuse in die Donau gebaut wurde. Die für die Uferbauten an der Altmühl notwendigen Steine, welche nur eingeworfen wurden, fand man an den Baustellen überall im Überfluss, weiter aufwärts zwischen Dietfurt und Beilngries wurde an dem sogenannten Arztberg ein Steinbruch eröffnet, der sehr schöne Quader von Dolomitkalk liefert, und die Steine für die Schleuse im Ostmaringer Tal gab. Bei Biberbach im Tal der Sulz oberhalb Beilngries findet sich Kalktuffstein, taugliche Steine gaben die am Winberg bei Neumarkt

Der Schwarzach Brücken-Kanal bei Nerret.

und im Laberthale eröffneten Brüche. Die Schleusen und Brücken von der großen Teilungshaltung abwärts wurden von dem in ganz Franken bekannten bunten Wendelsteiner Sandstein gebaut, in der Gegend von Nürnberg und Erlangen findet sich ebenfalls bunter Sandstein. Von Forchheim bis Bamberg gibt es keine Steinbrüche, welche große Quader liefern, doch konnte das hier vorkommende Material für die dichten Massen des Mauerwerks und für jene Teile der Schleusen verwendet werden, welche immer unter Wasser bleiben. Unterhalb Bamberg wurde ein Steinbruch erworben, der festen ausdauernden weißen Sandstein für die wichtigeren Teile der Schleusen in der dortigen Gegend lieferte.

Nach dem Bauplan sollte zwischen der Schleuse 90 und 91 der in einer Breite von 2,3 m anzulegende Schiffsziehweg aus das rechte Ufer der Regnitz kommen, da auf dem linken Ufer für diesen der nötige Raum nicht vorhanden war und an einigen Stellen in den Fluss hineingebaut werden musste, wodurch nach Umständen die Flussströmung eine andere dem linken Ufer und dem dort angelegten Theresienhain nachteilige Richtung erhalten konnte. Der Magistrat von Bamberg erhob gegen die Anlage des Ziehwegs auf dem rechten Ufer Reklamation, weil die Meinung entstanden war, dass dadurch dem schönen Hain Verwüstung drohe, die Aktiengesellschaft wandte dagegen ein, dass die Verlegung auf das linke Ufer sehr schwierig und kostbar sei und die Schifffahrt erschwere, da die Zugpferde in Bamberg und Bug übergesetzt werden müssten. Durch eine allerhöchste Entschließung wurde die Angelegenheit dahin entschieden, dass der Schiffsziehweg auf das linke Ufer verlegt wurde.

Der 550 m lange Nonnengraben, durch welchen die Schiffe von der Schleuse am Mühlwörth zum städtischen Kranen an der Regnitz befördert werden, bedurfte einer Vertiefung seiner Sohle und Regulierung seiner Ufer, um schiffbar zu werden. Bis zur Herstellung eines Kanalhafens, dessen Anlage wegen feiner Kostspieligkeit wohl noch in weiter Aussicht steht, dient er den Schiffen zum Aufenthalt. Er ist der Versandung ausgesetzt, da der am oberen Regnitzarm bestehende Grundablass (der sogenannte Walterspund) fortwährend und insbesondere bei mittlerem Wasserstand viel Sand einführt, dessen Hinwegschaffung immer wiederkehrende Kosten verursacht. Die zur Beseitigung dieses Übelstandes getroffenen Maßregeln haben den gewünschten Erfolg noch nicht herbeigeführt.

Der Stelle gegenüber, wo früher das Wirtschaftsgebäude zur Windmühle genannt stand, sollte nach dem Willen König Ludwigs ein Denkmal errichtet werden, das als eine sinnige Bedeutung des großen Unternehmens, die Donau mit dem Main zu verbinden, eine der schwierigsten Stellen des Kanals bezeichnen kann. Das Monument nach Ludwig Schwanthalers Entwurf zeigt Donau und Main mit halb aufgerichtetem Oberkörper auf Wasserurnen gestützt und sich gegenseitig die Hände reichend, und zwei aufrecht stehende Figuren, Handel und Schifffahrt versinnlichend. Die ganze Gruppe wurde, jede einzelne Figur aus einem Block, in der Nähe des Dorfes Au bei Kelheim von Schülern Schwanthalers aus dem feinen Kalkstein gefertigt. Die dazu verwendeten Massen waren so gewichtig, dass man sie gleich am Fuß des Bruchs liegenlassen und ein Atelier darüber bauen musste, in welchem sie an Ort und

Stelle ausgemeißelt wurden. Mit dem Unterbau des Monumentes, für dessen Aufstellung ein kolossales mehrere Kilometer weit sichtbares Gerüst gebaut wurde, begann man 1841, sobald die dazu bestimmten Granitblöcke herbeigeschafft waren.

Am Ende des fünften Baujahrs waren in der obersten Kanalhaltung alle Erdarbeiten bis auf fünf der höchsten Erddämme vollendet, darunter als die wichtigsten, die Aushebung des 960 m langen und 15 m tiefen Einschnitts, der größtenteils in hartem Gestein mit Pulver gesprengt werden musste. Die des Ölsbacher Einschnitts mit 23 m Tiefe und 500 m Länge und die Leitgräben, welche das Wasser aus dem Hausheimer-, Ketten- und Grubenbach der Teilungshaltung zuführen. Der Vollendung der fünf höchsten Dämme von 15 – 30 m Höhe wurde durch die Beschaffenheit der Erde, die man dazu verwenden musste, aufgehalten. Diese besteht aus schwerer Tonerde, aus Schieferton und aus Tonschiefer oder auch Kalkschiefer, Erden die sich nur langsam festsetzen und verwittern, daher auch, als davon hohe ziemlich steil ansteigende Dämme aufgeworfen wurden, Nachrutschungen derselben, besonders in der Basis nicht ausblieben, und die Notwendigkeit, die Dämme zu verstärken, zeigte sich, als ihr oberster Teil zu sinken begann. Die Arbeiten in der 24 km langen Haltung, welche größtenteils aus tiefen Einschnitten und hohen Dämmen besteht, verzögerten die gänzliche Vollendung des Kanals. Die meisten Maurerarbeiten an demselben waren bereits gebaut bis auf einige Brücken über die Altmühl, die durch die Verhandlungen mit den Gemeinden, deren Eigentum sie sind, aufgehalten wurden, denn alle Brücken über diesen Fluss von Dietfurt an mussten eine Veränderung erleiden, um den Schiffen den Durchgang unter denselben möglich zu machen.

An mehreren Stellen mussten die Straßen eine andere Richtung erhalten oder auf die andere Seite des Kanals verlegt werden, wie bei Nürnberg, wo die Verlegung der Münchner Hauptstraße und der Rothenburger Straße zwei Brücken und bedeutende Aufdämmungen erforderten. Die Straßen wurden überall regelmäßiger und fester als die alten angelegt, sämtliche auf diese Art erbauten Strecken mögen eine Länge von etwa 8 km betragen. Die Schiffsziehwege wurden in der ganzen Länge des Kanals chaussiert und die Dämme mit Rasen versehen, die Ufer mit Fruchtbäumen besetzt; sämtliche Schleusen- und Kanalwärterhäuser waren zum Teil der Vollendung nahe, ebenso die Durchlässe für die den Kanal durchschneidenden Gewässer und die größeren und kleineren Einlässe, die Grundablässe und Überfälle. Der Kanal war am Ende des Jahres 1842 an den meisten Stellen so weit gediehen, dass er für die Schifffahrt tauglich erschien, die Strecke von Nürnberg bis Bamberg, welche bis zur letzten Schleuse am Mühlenwörth in Bamberg 57,4 km misst und bis auf das Niveau der Regnitz am dortigen städtischen Kranen eine auf 22 Schleusen verteiltes Gefälle von 71 m besitzt, konnte im nächsten Jahre zur ungehinderten Schifffahrt übergeben werden.

Deshalb erschien im Monat Januar 1842 eine vier Bogen starke Kanalordnung mit den Bestimmungen über die Einrichtung und Verwaltung des Ludwigs-Kanals, über die Schifffahrt auf demselben und die sonstige Benützung der Kanalanlagen und über die Fest-

Der große Kranen am Kanalhafen zu Nürnberg.

setzung und Erhebung der Gebühren. Unter Einrichtung und Verwaltung des Ludwigs-Kanals ist begriffen die Formation der Kanalverwaltung, welcher vier Sektionsbeamte zu Beilngries, Neumarkt, Nürnberg und Bamberg untergeben sind, diesen liegt der Vollzug des technischen Dienstes und die Leitung und Kontrolle des Unterpersonals ob. Für den unteren Kanaldienst werden aufgestellt 53 Schleusenwärter, 13 Kanalwärter, darunter 10 für die Erhebung der Kanalgebühren bestimmte Einnehmer; für jeden der sieben Häfen ein Hafenmeister, dessen Funktion auch ein Schleusenwärter übernehmen kann. Der Wirkungskreis der königl. Kanalverwaltung erstreckt sich über die administrative und technische Leitung des Kanals, während die Sektionsbeamten nur die einzelnen Abteilungen zu überwachen haben und wiederum deren Unterpersonal die ihnen übergebenen Strecken; die allgemeine Leitung der Geschäfte steht dem Vorstand der Kanalverwaltung zu. Die Vorschriften über Schifffahrt und über die sonstige Benutzung der Kanalanlagen beziehen sich auf die für alle Flussschiffe freigegebene Fahrt auf dem Kanal, auf die Beschaffenheit und das Verhalten derselben während der Fahrt und während des Stillliegens, und auf die Durchfahrt durch die Schleusen; dann auf die Ziehwege, Dämme, Ufer usw. wegen ihrer Benützung, wie auch auf die Häfen und Lagerhäuser.

Die Übertretungen der Vorschriften werden nach den gegebenen Strafbestimmungen je nach ihrer Größe mit Geldbuße oder mit Arrest bestraft. Der dritte Abschnitt der Kanalordnung handelt von der Festsetzung und Erhebung der Gebühren, die jedes aus dem Kanal fahrende Schiff zu entrichten hat.

Der Kanal enthält vier Kanalsektionen mit Stationsraten, 10 Erhebungsstellen, 91 Schleusen, 66 Häuser, 53 Schleusen- und 13 Kanalwärter.

Die Schiffbauer Gebrüder Christ erhielten den Auftrag Kanalschiffe als Muster zu bauen, zu gleicher Zeit gaben auch die Schiffer Sieber und Vogel von Bamberg und Seelig von Schweinfurt Aufträge zu Fahrzeugen für den Ludwigs-Kanal. Ihrem Beispiele folgten noch mehrere Schiffer.

In Folge der Kanalordnung wurden auch Agenten für den Ludwigs-Kanal ernannt, welche über alle Verhältnisse desselben die nötigen Aufschlüsse geben und mit der Administration über den Verkehr in Korrespondenz stehen, es sind deren in und außerhalb Bayerns 41 an allen größeren Handelsplätzen, von welchen eine Zulenkung von Gütern für den Kanal erwartet werden darf. Dem Entwurf der Kanalgebühr wurde der Durchschnittspreis der Landfracht für eine gleiche Strecke zu Grund gelegt und ein Drittel des Betrags derselben als Durchschnittspreis der Kanalgebühr angenommen.

⇒ III. ⇐

Die Bauten größerer Kanäle zeigen, dass während der Ausführung überall unvorhergesehene Ereignisse eintraten, welche nicht nur die vorherbestimmte Bauzeit, sondern auch die Veranschlagssummen bedeutend überschritten und dabei standen nicht immer Terrainschwierigkeiten denselben entgegen, wie dies bei dem Ludwigs-Kanal der Fall ist. Die bayerische Staatsregierung unterließ nichts, um das große Werk zu fördern und in den Haupt- und Nebenanlagen zweckmäßig auszustatten.

Die Berichte, welche den bis 1842 alle Jahre in Frankfurt am Main stattgefundenen Generalversammlungen der Aktiengesellschaft vorgelegt wurden und die Verhandlungen derselben, gaben darüber die erfreulichsten Nachweise und widerlegten die hie und da auftauchenden Gerüchte von dem Nichtgelingen des Kanalbaues, da der Ausführung desselben unüberwindliche Schwierigkeiten entgegen stünden, während im Anfang des Jahres 1843 der Kanal von Nürnberg bis Bamberg so weit hergestellt war, dass er den Anforderungen an eine Wasserstraße vollkommen entsprach und man der begründeten Hoffnung Raum geben durfte, die bei dem Bau der obersten Haltung hervorgetretenen Schwierigkeiten dauerhaft überwinden zu können.

Die Regierung war unablässig bemüht, den Verkehr auf den Hauptflüssen zu heben, sämtliche Main-Städte hatten 1837 einen Vertrag wegen der Schifffahrt zwischen sich geschlossen und trafen jetzt, da die Verhältnisse sich viel günstiger zeigten, so dass Erleichterungen der Frachtsätze eintreten konnten, das Übereinkommen, eine Rangfahrt mit Frankfurt, Mainz und Köln einzurichten. Auch bildete sich eine Aktiengesellschaft, welche auf dem Main eine Dampfschifffahrt ins Leben rief und dafür eine Konzession von 50 Jahren erhielt. An der Korrektion des Maines wurde unausgesetzt gearbeitet, um hinreichend tiefes Fahrwasser zu erhalten, so dass die Kanalschiffe nicht nötig haben am Ende des Kanals ihre Ladung zu löschen und Rhein- und Donauschiffe den Kanal transitieren können. Der Verkehr aus der Donau nahm auf erfreuliche Weise zu, besonders bemerkbar war dies an der Spedition von Handelsgütern von Regensburg abwärts, das der Kommune Passau eigene Niederlagsrecht wurde als dem Donauhandel belästigend abgelöst. Welche Regsamkeit dieser entwickeln kann, lässt sich aus dem Umstand entnehmen, dass in Wien jährlich 5 bis 6000 Fahrzeuge stromabwärts und von Ungarn über 1000 aufwärtsgehen. Durch

Der Kanalhafen von Nürnberg gegen Nord-Ost.

die Schiffbrücke von Pest passieren jährlich an 10 000 befrachtete Fahrzeuge. Die Frequenz auf dem Main und der Donau kann nur progressiv zunehmen, dass sie aber, so bald billige Fracht eintritt, einen eingreifenden Umschwung nehmen und die Absicht, in der König Ludwig den Kanal schuf, sich rechtfertigen wird, daran kann niemand zweifeln, der die Verhältnisse genau erwägt.

Ein Beispiel aus den vielen hierher gehörenden wird genügen. Im Jahre 1843 war in Süddeutschland großer Mangel an Cerealien; Ängstliche befürchteten selbst eine Hungersnot. Ungarn eines der fruchtbarsten Länder der Welt könnte in Zeiten des Mangels vollkommen aushelfen und zeigt auch sonst eine Masse von Rohstoffen. Während nun in Bayern der Scheffel Weizen mit 20 Gulden und die Gerste zu 11 Gulden bezahlt wurde, kosteten beide Fruchtgattungen nur 7 und 3 Gulden dort. Die Transportkosten können von Pest nach Regensburg höchstens 6 Gulden betragen und somit bot sich Spielraum zu Spekulationen dar, doch wurden diese durch den Hinblick auf die Mangelhaftigkeit der Wasserstraße niedergehalten, denn niemand konnte bestimmen, welche Zeit der Transport auf gewöhnlichen Schiffen auswärts erfordere, die Schleppdampfschiffe, deren Bau jetzt, da die Donau-Dampfschifffahrt Staatsinstitut geworden ist, vorbereitet wird, hätten die wohlfeilen ungarischen Erzeugnisse in wenigen Wochen bis nach Ulm bringen können, anstatt dass man dazu Monate brauchte. An der Reinigung und Berichtigung des Donau-und des Main-Betts wurde zwar unausgesetzt gearbeitet und bedeutende Summen daraus verwendet und auch die Schiffbarmachung der Nebenflüsse in Beratung gezogen, doch bleibt in dieser Beziehung immer noch viel zu wünschen übrig, namentlich wird die Schifffahrt auf dem Maine noch durch Brücken und durch Wehre sehr gehemmt.

Im Januar 1843 wurde auf königlichen Befehl die in Nürnberg bestandene Bauinspektion des Ludwigs-Kanals aufgelöst und die Vorstände derselben Freiherr von Pechmann und Friedrich Beyschlag zum ordentlichen Dienst bei der obersten Baubehörde einberufen. Die Sektionsingenieure sollten die wenigen noch übrigen Arbeiten fördern, bis bei der Vollendung des grandiosen Werks die Kanaladministration ins Leben getreten; als einstweiliger Vorstand wurde der zur Kanalbau-Inspektion berufene bisherige Sektions-Ingenieur Hartmann mit dem Titel als Regierungsrat ernannt, und ihm für den wirtschaftlichen Betrieb ein Funktionär beigegeben.

In der achten zu Nürnberg abgehaltenen Generalversammlung der Aktionäre des Ludwigs-Kanals wurde der einstimmige Beschluss gefasst, Nürnberg zum Sitz des permanenten Ausschusses und aller künftigen Generalversammlungen zu bestimmen. Die königliche Kanalbau-Inspektion hatte eine Bekanntmachung veröffentlicht, nach welcher der Kanal zwischen Nürnberg und Bamberg zur Benützung nach den allerhöchsten Bestimmungen am 5. Mai 1843 geöffnet werden sollte, bis dahin sollten auch alle Anstalten und Vorrichtungen zum Ein- und Ausladen an den Kanalhäfen und zum Schutz der dort lagernden Güter bis zur Herstellung geeigneter Lagerhäuser getroffen sein.

Die bevorstehende Eröffnung des Ludwigs-Kanals, wenn auch nur teilweise, erregte die größte Aufmerksamkeit in nahen und fernen Kreisen und die verschiedenartigsten Fragen über seine Rentabilität, Haltbarkeit, seine zukünftige Stellung zum Handel und zu der der Vollendung nahen Eisenbahn nach Bamberg wurden aufgeworfen und beantwortet. Am meisten Anstoß erlitt der Umstand, dass weder Bauzeit, noch Bausumme eingehalten wurde und die Anschläge bei der Ausführung der einzelnen Abteilungen und der Maurerarbeiten in der Regel das Doppelte überstiegen. Man musste der Aktiengesellschaft einen Zeitpunkt der Vollendung des Werkes bestimmen, und dieser hätte auch eingehalten werden können, betrachtet man aber die Solidität bei der Ausführung der Bauwerke des Kanals, seiner Zubehörungen und Nebenanlagen und Nebenanlagen die bei dem Fortschreiten des Baues oft unerwartet schnell eingetretenen Hindernisse, so wird jeder Sachverständige gestehen, dass bisher alles Mögliche geleistet worden war und die mit der Ausführung betrauten Ingenieure alles Lob verdienen. Dass Missgriffe vorkommen, darf so hoch nicht angerechnet werden, zumal da diese nirgend von Bedeutung waren und auf die Hauptsache nicht den geringsten Einfluss ausübten. Die allerdings sehr bedeutende Überschreitung der Bausumme lässt sich erklären aus der durch die Zeitverhältnisse hervorgerufenen Erhöhung des Grundwertes, des Arbeitslohns und der Materialpreise, dann kommen noch Ausgaben dazu, an die man bei der Entwerfung des Planes für den Kanalbau gar nicht gedacht hatte. Da die Kanalbau-Ausführung als Angelegenheit einer Privatgesellschaft betrachtet wurde, so flößen höchst beträchtliche Summen an Tar-, Stempel-, Laudemial-, Postportogebühren und anderen Gefällen in die Staatskassen.

Am 6. Mai 1843 fuhren die ersten Schiffe festlich geschmückt unter angemessener Feierlichkeit und Kano-

nendonner auf dem Ludwigs-Kanal mit voller Ladung von Bamberg nach Nürnberg ab und eröffneten somit den einen Teil des Kanals. Es waren die Boote des Schiffermeister Sieber von Bamberg und des Frachtführers und konzessionierten Kanalboten Messerer von Nürnberg. Eine Deputation des Magistrats und mehrere Mitglieder der Handelskammer von Oberfranken gaben den Schiffen das Geleite. Auf der ganzen Linie bis Nürnberg hatten sich an den Ufern und Häfen des Kanals eine Menge Neugieriger gesammelt, namentlich aber in Nürnberg, wo die meisten, aus Unkunde der Sachlage, bis tief in die Nacht der Ankunft der Schiffe harrten. Mancher Pfahlbürger, der an altem Hergebrachten hängend gegen alles Neue ein Vorurteil hegt und nur widerstrebend den Forderungen der Zeit langsamen Schrittes folgt, hatte kopfschüttelnd den Kanal und seinen geräumigen Hafen allmählich sich mit Wasser füllen sehen, er hatte von Dammbrüchen gehört, die erfolgen könnten, wenn schwer beladene Schiffe auf dem Kanal führen, betrachtete er die ganze Sache mit Misstrauen und folgte nur dem Zug der Neugierigen, die den ersehnten Ankömmlingen weit entgegen gingen, um sich darin zu bestärken. Doch alle Vermutungen über das lange Ausbleiben der Schiffe, alle Definitionen über die Unmöglichkeit einer Schifffahrt auf dem Kanal machte das Nahen der Schiffe, die gleich Schwänen mit breiter Brust auf der spiegelglatten Wasserfläche daherzogen, ein Ende. Staunen erfasste die meisten über das ungewohnte Schauspiel, denn gar manche hatten noch kein anderes Wasserfahrzeug als kleine Kähne gesehen, doch als das erste Schiff in die letzte Schleuse bei Nürnberg eingefahren war

Der Kanalhafen von Nürnberg gegen Westen.

BAVARIA

und nach Schließung der Schleusentore das Wasser in der Kammer stieg und dieses allmählich so weit hob, dass es auf der höher liegenden Strecke seinen Weg in den nahen Hafen fortsetzen konnte – da erscholl aus aller Munde ein begeisterter Jubel, denn man sah ja das Unglaubliche vor Augen, und mancher, der kurz vorher in allen möglichen Deduktionen sich als Gegner des Kanals gezeigt hatte, wurde jetzt zum begeisterten Propheten, der die Schätze der fernsten Länder seiner Heimat zuschwimmen sah und von überseeischen Verbindungen sprach.

Eine Gesellschaft Nürnberger war nach Erlangen geeilt und hatte von Bruck aus auf dem ersten Schiff die Fahrt nach dem Kanalhafen bei Nürnberg mitgemacht, in dem es gegen Abend anlangte, begrüßt von einer großen Menge Zuschauer und Böllerschüssen. Etwas später traf das Schiff von Messerer ein. Am nächsten Tage folgte ein mit 100 Fass Steinkohlen befrachtetes Schiff von Bamberg auf; bis zum 27. Mai waren schon 31 Schiffe im Nürnberger Hafen eingelaufen. Den ersten Versuch von Nürnberg aufwärts machte der Bauunternehmer Wadenklee mit seinem Schiff bis Wendelstein, die darauf befindlichen Fahrlustigen waren nicht wenig über die herrliche Begrüßung überrascht, mit der das Schiff überall von den Landbewohnern empfangen wurde. Die bei allen ländlichen Festen unvermeidlichen Böllerschüsse erdröhnten, der Jubelruf der Landbewohner vermengte sich mit den vollen Tönen mehrerer Sänger auf dem Schiff und alle schienen sich der freudigen Hoffnung hinzugeben, bald die Segnungen genießen zu können, welche das Riesenwerk verbreiten wird.

Die in dem Kanalhafen liegenden Schiffe erfreuten sich eines zahlreichen Besuches von Seite der Bewohner Nürnbergs, selbst einige Lustfahrten wurden von größeren Gesellschaften nach Erlangen und Bamberg veranstaltet. Im August fand versuchsweise auch eine Beschiffung des Kanals jenseits Neumarkt statt. Das Handlungshaus Gebhard in Nürnberg hatte nach eingeholter Bewilligung der Kanalinspektion zu diesem Zweck einige Schiffe mit Brettern beladen, aus der Gegend von Deggendorf die Donau heraufgehen lassen, diese gelangten auch nach Besiegung einiger Schwierigkeiten auf der Altmühl in den Kanal und auf diesen nach Neumarkt, von wo aus die Ladung auf der Achse nach Nürnberg geschafft wurde. Die kurze Zeit der Kanaleröffnung allein schon ließ den Vorteil gewahren, welchen der Transport auf demselben bieten konnte, die Schiffer und Spediteure, der Handels- und Gewerbstand von Nürnberg, Regensburg, Bamberg, Fürth und anderen Orten sahen erwartungsvoll der Zeit entgegen, wo der Kanal ungehindert in seiner ganzen Länge befahren werden konnte. Man hatte jetzt nicht sowohl die Größe des Reinertrages im Auge, sondern beurteilte nur den Nutzen des Unternehmens und den Vorteil, welchen dieses in staatswirtschaftlicher Beziehung bringen werde. Denn es zeigte sich, dass die Wasserfracht fast so schnell als die Landfracht ist und kaum ein Viertel derselben kostet, zudem war die Kanal-Verwaltung noch ermächtigt, 30 % an den Gebühren nachzulassen. Natürlich fehlte es anfangs an zu transportierenden Gütern, doch belebte sich nach und nach der Verkehr und übertraf selbst die Erwartungen der Behörden; in einem Zeitraum von etwas mehr als sechs Monaten waren bei den Einnehmereien im Ganzen 2195 Schiffe mit einer Ladung von über 22 000 t abgegangen. Der größte Teil der auf dem Kanal gehenden Gegenstände bestand in Getreide, Holz und Steinen aus den naheliegenden Steinbrüchen. Handelsgüter wurden weniger verschickt, dagegen an Eisenbahnbau-Gegenständen über 3700 t verschifft.

Der Verkehr auf dem Kanal erlitt eine Unterbrechung am 21. Juni 1843, indem zwischen Poppenreuth und Erlangen ein Durchbruch der Böschung erfolgte, deren Herstellung einige Tage Arbeit erforderte. Ein größerer Übelstand kam bei dem Schwarzach-Brücken-Kanal zum Vorschein, es zeigte sich die Notwendigkeit dieses schöne Gebäude abzutragen.

Die Arbeiten in dem noch nicht vollendeten Teile des Kanals wurden mit unermüdeter Tätigkeit fortgesetzt, doch war das Baujahr 1843 ungünstiger als alle vorhergehenden, der langanhaltende Regen beschränkte viele Arbeitstage und verursachte einen hohen Wasserstand der Altmühl. Die Flussarbeiten erlitten dadurch eine unliebe Verzögerung, die Arbeiter konnten nicht zusammengehalten werden und dann übte auch die eintretende Teuerung vielen Einfluss auf dieselben. Der Altmühlfluss machte zur völligen Herstellung für die Schifffahrt noch viele Arbeiten nötig, zwar waren die zu seiner möglichsten Geradeleitung entworfenen Durchstiche sämtlich ausgeführt und bis zur Normalbreite erweitert, doch konnte die Vertiefung des Bettes nur langsam vorwärtsschreiten und bedurfte stets einer künstlichen Nachhilfe. Große Mengen Sand wurden durch Baggermaschinen herausgeschafft, das dadurch gewonnene Material verwendete man zum Aufwerfen von Ziehwegen und Uferböschungen, die durch Steinprismen und Steinpflaster

gesichert zusammen 5,2 km betragen. Die meiste Nachhilfe durch Ausbaggern bedurfte die Strecke zwischen Gundelfing und Meihern. Die Länge des schiffbar gemachten Altmühlflusses mit Einrechnung der künstlichen Wasserstraße zwischen diesem und der Donau beträgt 34,3 km und die senkrechte Erhebung von dem niedrigsten Stand der Donau bis zum Anfangspunkt des Kanals an der Schleuse bei Griesstetten 19,7 m. So weit es der Wasserstand der Altmühl zuließ, wurde der Bau der zwei Stauwehre bei Gronsdorf und am Scholtenhof, das letztere hat eine Breite von 78 m, tätigst betrieben, die Baustellen waren mit einem Fangdamm umschlossen und der Felsengrund geebnet worden. Durch die Aufstauungen, welche mit Kammerschleusen umgangen werden, hat man dem unteren Teile der Altmühl bis oberhalb Schelleneck die Fahrtiefe von 1,45 m gesichert. Die Schleuse bei Scholtenhof steht mitten in der Altmühl und ist zu beiden Seiten mit verschließbaren Wehröffnungen in Verbindung gesetzt, auf der rechten Seite des Fahrwassers befindet sieb ein 470 m langer Leitdamm, welcher dieses von der Flussrinne des Hochwassers scheidet. Die Flussrinne ist oben am Schleusenhaupt durch das Stauwehr geschlossen, am unteren Ende aber, mit einer für die Schiffszugpferde bestimmten Bogenhängewerksbrücke überbaut. Gleich unter dieser Schleuse beginnt der Gronsdorfer Schleusenkanal, an dessen Ende die Schleuse sich befindet, an seiner oberen Spitze ist das Stauwehr als abgesondertes Bauwerk.

Die Ausführung dieser bedeutenden Bauten wurde besonders dadurch aufgehalten, dass dem Fluss fortwährend wenigstens die größere Hälfte seines Bettes offen gelassen werden musste, die Arbeit erforderte bedeutende Um-

Der Dooser Brücken-Kanal mit der Nürnberg-Fürther-Eisenbahn.

fangsdämme, daher die Fundation nur stückweise geschehen konnte. Der trockene Sommer 1842 zeigte, dass das bei der Schiffbarmachung der Altmühl bis jetzt verfolgte System (die Anlage von Durchstichen und Einschränkung des Flusses auf die normale Breite mit einigen Schleusen zur Umgehung der Mühlenwehre) den gewünschten Erfolg nicht erziele, es ergab sich die Notwendigkeit, den Fluss in einen Kanal umzuwandeln durch die Erbauung von sieben weiteren Schleusen mit Stauwehren, durch welche der Wasserstand nach Bedürfnis reguliert werden kann und die Fahrtiefe von 1,45 m gesichert ist.

Die Donau und der Main haben nun auch Stellen, die in heißen Sommern kaum 1,20 m Fahrwasser bieten, aber es war der Aktiengesellschaft eine beständige Fahrtiefe von 1,45 m, die der Verfasser des Entwurfs zum Kanalbau garantieren zu können glaubte, zugesichert worden, sie bestand deshalb auf der Durchführung der dadurch bedingten Bauten. Von Griesstetten bis Riedenburg werden demgemäß fünf neue im ursprünglichen Kanalplan nicht angeführte Kammerschleusen ausgeführt, diese bestehen teils in besonderen Schleusenkanälen bei Mühlbach und Haidhof oder sind in den Fluss selbst gebaut, bei Deising, Eggersberg und Gundelfing. Um den normalen Wasserstand herzustellen und zu regulieren, werden an diesen Schleusen Stauwehre gebaut, welche bei den Schleusen an Mühlbach und Heidhof gesondert für sich bestehende Werke sind, bei den anderen sind sie mit den Schleusen selbst verbunden. Bei Heidbof wurde ein Steinwurf in Form eines Überfallwehrs in das alte Flussbett gelegt, um durch diese Aufstauung den Schiffen den Übergang über diese seichte Stelle auch bei ge-

ringerem Wasserstand möglich zu machen, ein Verfahren, das auch nötigenfalls bei den anderen Schleusen bis zur Vollendung der Stauwehre Anwendung finden wird. Bei Prunn und Pillhausen sind ebenfalls zwei neue Schleusen mit besonderen Schleusenkanälen, die dazu gehörigen Stauwehre bestehen für sich. Die meisten dieser schwierigen und kostspieligen Bauten gehen ihrer Vollendung entgegen.

Die Altmühl bedurfte, um jederzeit den Schiffen zugänglich zu sein, die umfassendsten Arbeiten, denn ihr Bett ist sehr ungleich, während sie an den meisten Stellen 1,45 m Tiefe hat, findet man an einigen kaum etwas über 0,9 m, dagegen schwillt sie, die durch enge Täler sich windet, bei Regenwetter ungemein schnell an. Im Jahr 1845 stieg sie 4,4 m über das gewöhnliche Niveau.

Die Fundation der Schleusen wurde durch den wechselnden Wasserstand der Altmühl ungemein erschwert, die Baugruben konnten nur durch Anwendung von Dampf- und Pferdekräften vom Wasser entleert werden und oft musste man die Arbeiten tagelang aussetzen. Wo man auf keinen Felsengrund kam, wurde ein Rost an 2,9 m Tiefe gelegt, oft stieß man beim Aufgraben auf Quellen, deren Beseitigung viele Mühe kostete, der verschiedenen Krümmungen des Flusses nicht zu gedenken, welche namentlich unter Riedenburg auffallend sind und leicht noch an dem alten Bett erkannt werden. Eine derselben bildete durch ihren Rücklauf ein förmliches verschobenes Omega. Die Stauwehre nehmen meistens die Breite des Flusses ein. Je nach Bedürfnis werden mehr oder weniger starke breite Stäbe, Stecken genannt, nebeneinander in schiefer dem Lauf des Flusses entgegengesetzter Lage eingefügt, wodurch das Wasser weit aufwärts gestaut wird und das Schiff das nötige Fahrwasser erhält, um in die Schleuse oder aus ihr zu kommen Der Wärter muss beim Ausheben und Einsetzen der Stäbe vorsichtig sein, indem der Andrang des Wassers groß ist, jeder einzelne Stab muss rasch eingesetzt und darf nur auf die Kante gewendet heraufgezogen werden, nicht mit der platten Seite, sonst läuft man Gefahr, in den Fluss geschleudert zu werden.

Der Kanal erhebt sich vom Dorf Griesstetten, wo die Schiffe aus der künstlichen Wasserstraße in die Altmühl mittelst einer Schleuse gebracht werden, bis zum Anfang der Teilungshaltung in einer Längenausdehnung von 29 km durch 20 Schleusen um 60 m. Die Verdichtungsarbeiten auf dieser Strecke waren von großem Umfang, besondere Aufmerksamkeit wurde auf die im Sandboden gegrabenen Haltungen oberhalb Berching verwendet. Am sogenannten Ottersbühl zwischen Beilngries und dem ehemaligen Kloster Plankstetten, wo der Kanal von der westlichen Richtung in die nördliche übergeht und auf der vorspringenden Bergspitze aus eingestürzten Felsen des Kalksteingebirges gegründet ist, zeigte sich die bis jetzt überall mit Erfolg angewendete Verdichtungsweise mit getrübtem Wasser als unwirksam, selbst als man die etwa 88 m lange Strecke stellenweise mit einer 30 – 60 cm Fuß dicken Tonlage überkleidete und die größeren Klüfte des locker aufeinander liegenden Steingerölls mit Ton ausstampfte, sank, sobald man das Wasser im Kanal höher stellen wollte, die Sohle an vielen Stellen ein und es bildeten sich trichterförmige Vertiefungen, durch welche das Wasser abfloss. Den unten liegenden Feldern und Wiesen erwuchs dadurch erhebli-

cher Schaden. Die Kanalsohle und die beiderseitigen Böschungen, so weit sie vom Wasser gespült werden, wurden nun bis auf das Felsenlager, das Klüfte und fortlaufende Höhlungen enthält und nur wenige Meter unter der Kanalsohle beginnt, ausgegraben, und nachdem man den Felsen mehrere Meter tief ausgebrochen und die in der Tiefe befindlichen Spalten und Klüfte ausgemauert hatte, wurde wieder Erde darüber geworfen. Ob es gelungen ist, dem Wasser alle Durchgänge zu verstopfen, wird die Zeit lehren, es ist leicht möglich, dass durch das auf dem locker aufgeschütteten Steingeröll ruhende Gewicht Veränderungen in der Lage der Felsen sich ergeben, die dem Kanal Nachteile bringen, so wie auch die auf dem Bergabhang zwischen dem Kanal und der Sulz entspringenden Quellen den nächsten Anlass zu Beschädigungen geben können.

Den meisten Grund zur Besorgnis bei der Ausführung gab die große meistens aus tiefen Erdeinschnitten und hohen Aufdämmungen bestehende Teilungshaltung, welche an die anstoßenden Kanalteile nördlich gegen Nürnberg und südlich gegen Griesstetten das Wasser abzugeben hat. Die Strecke Sengerthal, wo die letzte Schleuse aufwärts von Kelheim sich befindet, bis Neumarkt hat 7 km Länge und enthält den großen 4,7 km langen Einschnitt, der zahlreiche und ergiebige Quellen besitzt. Im Kanalhafen von Neumarkt mündet der Leitgraben der Schwarzach, welcher das Hauptspeisewasser des Kanals bringt, ein. Von Neumarkt bis Kettenbach, ebenfalls eine Strecke von 7 km Länge, mussten 9 Dämme von verschiedener Höhe aufgeworfen werden, im Herbst des Jahres 1843 wurden einzelne Abteilungen durch Querdämme

Der Kanalhafen von Erlangen.

geschieden und mit Wasser versuchsweise angefüllt. Doch musste man dabei die größte Vorsicht anwenden, weil alle Aufdammungen aus unverwittertem Tonschiefer bestehen, die Durchsickerung war deshalb bedeutend und es zeigte sich die Notwendigkeit, wollte man größere Nachrutschungen der Massen verhüten, die hohen Dämme durch Verbreiterung ihres Fußes mittelst lagen weiß festgestampfter Erde zu verstärken, es musste ihr Untergrund entwässert und das Kanalbett verdichtet werden. Das Fortgleiten der Erde am Dammfuß im Kettental hörte lange nicht auf und konnte selbst nicht durch eine Reihe tief eingerammeter Pfähle verhindert werden. Die Erde häufte sich vor diesen an oder drückte sie durch ihr Gewicht um, da sie nicht zu widerstehen vermochten. Unerklärlich fast blieb die Sache, bis endlich am Fuß des Damms Wasser sich zeigte, und dieser erhielt erst Festigkeit, als man durch einen eingetriebenen Stollen das gesammelte Wasser beseitigte.

Vor der Ausführung des Damms hatte sich keine Spur einer Quelle neben dem durch das Tal fließenden Bach gezeigt, sie war durch die Erdmasse erdrückt worden und hatte sich einen Ausweg nach oben gemacht, der Grund wurde weich und deshalb kam das Nachgeben des Damms. Bei dem Damm über das Grubertal musste man aus gleicher Ursache einen Stollen eintreiben, obwohl man vorher nach den gemachten Erfahrungen dem allenfalls erscheinenden Wasser mehrere Ausflussöffnungen gebahnt hatte. Das Speisewasser für die einzelnen Abteilungen, welche die Anfüllung vertrugen, wurde in Rinnen über die noch nicht ruhig gewordenen Aufdammungen geleitet. Früher hatte man gehofft, durch Einrammlung hoher Pfähle längs des Kanalbettes der Durchsickerung vorbeugen zu können, doch zeigte sich dies auf den Dämmen über das Gruber- und Kettenbachtal und über das sogenannte Distelloch nicht als zureichend.

Die Nacharbeiten an den verschiedenen Dämmen wurden mit aller Energie betrieben. Um eine größere Haltbarkeit zu erzielen, wurde der Schieferton mit Sand vermischt, der teilweise 10 km weit herbeigeschafft werden musste, der Transport konnte größtenteils zu Wasser stattfinden. Der günstige Erfolg der Verdichtungsarbeiten gestattete, dass man einzelne Querdämme wegnehmen und die Dämme bis zu 1,2 m mit Wasser anlaufen lassen konnte, die teilweise Verstärkung der Dämme hinderte deren Beschiffung nicht. Vom Kettenbach und Grubenbach-Damm, wo zwei Leitgraben einmünden, bis zum Ölsbacher Einschnitt, eine Strecke von 200 m, zieht sich der Kanal auf einem ziemlich steilen Bergabhang hin, es mussten da abwechselnd Einschnitte und Aufdammungen von 8 – 15 m Höhe gemacht werden. Vor der Anlage des Kanals fanden an dieser Stelle schon Abschlüpfungen statt, in deren Bereich denn auch der Kanal gezogen wurde, an einer Stelle zeigte sich die Notwendigkeit, diesen einwärts gegen den Berg zu rücken, da die Auffüllung immer wieder absank.

Kleine Nachrutschungen in den größeren Einschnitten hatten keine solche Bedeutung, wie die nachhaltenden Senkungen an den Kronen der großen Dämme, die im Frühjahr 1843 vorkamen. Dass diese vorkamen, lag in der Natur der Sache. Das dazu verwendete Material, Tonschiefer und Tonerde, verwittert nur langsam, da man nun die festgesetzte Bauzeit von sechs Jahren einhalten wollte, so musste auch im Winter und bei Regenwetter gearbeitet werden. Dadurch kam Schnee, Eis und gefrorene Erde in den Dammkörper, welche im Sommer erweichten, die Tonmasse wurde vom Regen durchdrungen, Abrutschungen blieben daher nicht aus und diesen konnte nur durch kostspielige Maßregeln Einhalt getan werden.

Viele Arbeit verursachte auch die im Monat Juni 1844 erfolgte Senkung der rechten Seite des Gruberbach-Damms in einer Strecke von 175 m Länge. Der Uferdamm am Gruberbach selbst erlitt durch die Abrutschung der Böschung keinen Schaden, er blieb mit seiner inneren Kante stehen und der Erdtransport erlitt keine Störung, weil, da kein eigentlicher Dammbruch entstanden war, das Wasser mehr als drei 90 cm Fahrtiefe gewährte. Die Böschung des Damms wurde wieder aufgesohlt, und wie im Distelloch und Peuntinger-Damm an einzelnen Stellen bis zur viermaligen Anlage erweitert. Die Haltbarkeit der riesenmäßigen Bauten in der obersten Haltung wurde durch anhaltende jahrelange Arbeit und unermüdliche sorgfältige Überwachung und Beseitigung aller möglichen Unfälle errungen, ihr Zustand ist nach mehr als einjähriger Benutzung bei der starken Frequenz der befriedigendste.

Große Sorgfalt wurde auf die Haltungen des nördlichen Arms des Kanals von der großen Teilungshaltung an bis nach Röthenbach verwendet. Der Kanal senkt sich dort in einer Länge von etwa 13 km durch 31 Schleusen um 75,4 m, die ganze Strecke ist in groben Sand gegraben. Das Wasser, welches zum Auftrüben des Bodens um ihn dicht zu machen, brauchte, wurde über die hohen Dämme der Teilungshaltung in einem Holzgerinne geführt, und es gelang nach mehrjähriger Tätigkeit eine Verdichtung hervorzubringen, welche ohne dass eine größere, als die ganz gewöhnliche Versickerung stattfindet, die normale Fahrwassertiefe ertrug. Das Wasser wurde aus einer Haltung in die tiefer liegende geführt, und als durch die anhaltende Dürre im Sommer 1843 die Zuflüsse für die unteren Haltungen nachließen und man für die Erhaltung der Schifffahrt zwischen Nürnberg und Erlangen besorgt sein durfte, so wurden, um dieses Speisewasser aus der höchsten Haltung schnell zuzuführen, die dazwischen liegenden 10 Haltungen nur einen Fuß hoch angefüllt, die gefüllten ließ man auf gleiche Höhe ablaufen. Das Speisewasser wurde durch dieses Verfahren fast ohne Verlust in 12 Tagen durch die ganze 6 km lange Strecke geführt.

Der 15 m hohe Damm über das Mühlbachtal steht zwischen der Schleuse 20 und 27 nahe beim Dorf Pfeiferhütte, weiter abwärts ist der Glanzpunkt aller Kunstarbeiten des Ludwigs-Kanals – der große Brückenkanal über die Schwarzach.

Vom Wasser durchdrungene Tonerde dehnt sich unwiderstehlich aus. Man hatte nun beim Bau dieses Brückenkanals den Raum zwischen den Mauern nach und nach, wie sie in die Höhe stiegen, mit sandiger Tonerde zugleich ausgefüllt und diese mit schweren Rollen festgewalzt. Man ersparte durch dieses Verfahren die Gerüste und konnte die zum Bau notwendigen Steine auf der Erdmasse, die stets der Mauer gleich war, herbeiführen. Diese Auffüllungsweise und der Umstand, dass das linksseitige Widerlager nicht auch auf Felsen, gleich dem rechten, sondern um zu sparen, da der Felsen tief lag, auf einen Pfahl-

KAPFER

Der Kanal bei Erlangen und der Ludwig-Süd-Nord-Eisenbahntunnel.

rost, gegründet worden war, mochten wohl viel zu dem Unfälle beigetragen haben, der die Brücke zwei Jahre nach ihrer Vollendung traf, als man den Kanal auf demselben mit Wasser füllte. In einer Nacht beugten sich die vom linken Widerlager der Brücke auslaufenden Stützmauern, der Druck der feuchtgewordenen Füllungserde hatte die langen Flügelmauern auf der linken Uferseite aus ihrem lotrechten Stand gebracht, die Bogenstirnen trennten sich, beim Abtragen des schönen Bauwerks zeigte sich der Schaden größer als man geahndet hatte. Denn es waren im oberen Teil des Gebäudes nicht nur viele Steine im Gewölbe und im Vorsetzmauerwerk geborsten und zerdrückt, sondern man fand auch, dass die Fundamente der Flügelmauern gelitten hatten, daher ihre Erneuerung mit Verstärkung als notwendig erschien.

Im Jahr 1844 begann man mit dem Abtragen der Flügelmauern, die unmittelbar hinter dem Widerlager des 14,6 m weiten Bogens samt ihren Fundamenten herausgenommen wurden, der abschüssige Felsengrund, auf welchem die letzteren standen, wurde 4 m unter dem Wasserspiegel der Schwarzach stufenförmig, geebnet und auf diesem festen Grund wurden nun die Flügelmauern nebst einer sie verbindenden Quermauer neu gegründet. Den Hauptrost des Widerlagers verband man nach Beseitigung der schadhaften Pfähle in der Breite zweier Rostfelder mit Mauerwerk.

Die Schwierigkeit dieser in der Baukunst vielleicht einzig dastehenden Arbeit wurde durch Hochwasser vermehrt, die Baugrube füllte sich einmal schnell ganz mit Wasser. Es mussten an diesem Bau an 10 000 m³ Quadermauer abgetragen werden, 2400 m³ Quadermauer

und 2600 m³ Bruchsteinmauerwerk war neu herzustellen, die zum Baue verwendeten Gerüste nahmen 12 000 m Holz in Anspruch. Auf der Seite nach der Pfeiferhütte zu wurde ein Gewölbe gebaut, welches den Raum zwischen den Flügelmauern überspannte und das Kanalbett trägt. Es hat fünf Spitzbögen und in der Quere Segmentbögen. Die ganze Höhe der Brücke beträgt 18,1 m bis zur Brüstung, welche 1,2 m hoch ist, sie hat eine Länge von 78 m und eine Breite von 13,7 m, die Mauer hat 2,3 m Dicke. Das Gewölbe liegt 1 m unter dem Wasserspiegel des Kanals. Für die Festigkeit des Baus mag der Unfall Zeugnis geben, dass als der 6 t schwere Schlussstein beim Einsetzen in einer Höhe von 2,3 m herabfiel, dies keine weiteren Folgen hatte und im Gewölbe nirgends eine Spur dieser gewaltigen Erschütterung bemerkbar wurde.

Die Verdichtung der Strecke vom Schwarzachbrückenkanal bis zur Schleuse 56 bei Röthenbach, wo der Gauchsbach-Leitgraben einmündet, wurde durch Wasser, das über den Schwarzachbrückenkanal in einem Holzgerinne lief, bewerkstelligt. Die meiste Schwierigkeit bot sich in der Nähe der eben angeführten Schleuse dar, der Kanal hat dort einen sehr zerklüfteten blätterigten Keuperfelsen zur Unterlage. Durch diesen sickerte das Wasser in solcher Menge, dass die Einwohner des Ortes Röthenbach dadurch belästigt wurden, weil es selbst in die Keller, Ställe und tiefer gelegenen Wohnstuben drang. Am 29. August 1844 ereignete sich am nördlichen Ende des Gauchsbach-Brückenkanals ein Dammbruch, indem ein Stück des linkseitigen Dammes, welches auf den abschüssigen und zerklüfteten Keuperfelsen gelagert ist, in den tief eingeschnittenen, an dieser Stelle parallel mit dem Kanal selbst laufenden Gauchsbach hinabglitt. Da die Schifffahrt in dieser Strecke damals noch nicht im Gange war, so war der Vorfall von keinem weiteren Belang, um so weniger, weil der Schaden in kurzer Zeit wieder beseitigt werden konnte.

Von Röthenbach bis zum Kanalhafen fällt der Kanal in einer Länge von 13,7 km mittelst 13 Schleusen um 38 m. Diese Strecke wurde im Mai 1843 der Schifffahrt eröffnet, sie erforderte nur wenig Nacharbeit, ihren Hauptzufluss von Wasser erhält sie aus dem Gauchsbach.

Der kalte Winter 1844/45 hatte nachteiligen Einfluss auf die Steine, welche zur Auskleidung der Kanalwände in der großen Kanalhaltung von Neumarkt an gegen den nördlichen Arm zu benutzt wurden. Obwohl diese Steinart beim Bearbeiten sehr fest ist und unter Wasser recht gut aushält, so vermag sie doch der Verwitterung nicht lange zu widerstehen, zumal wenn feuchtes Wetter und Kälte rasch aufeinanderfolgen. Der Umstand, dass in dieser Gegend kein zum Bau der projektierten Brückenkanäle über die Täler taugliches Material aufgefunden wurde, bestimmte zunächst Dämme hier aufzuwerfen, hätte man die Steine aus den Wendelsteiner Steinbrüchen herbeiführen müssen, so würden sich die Kosten bedeutend vermehrt haben.

Um den Kanal gegen die Folgen außerordentlicher Regengüsse zu schützen und einer Überfüllung der einzelnen Abteilungen vorzubeugen, wurden namentlich in der großen Teilungshaltung, wo der Wasserstand auf 2 m gebracht werden soll, viele Sicherheitstore, Überfälle und Grundablässe erbaut. Ein Durchbruch wird bei den getroffenen Vorsichtsmaßregeln nicht leicht mehr stattfinden, da bei Naturereignissen das Wasser schnell entleert werden kann, zudem gewinnen ja die Dämme von Jahr zu Jahr an Festigkeit.

Ein einziger Dammbruch in Folge des ungewöhnlich großen Hochwassers am Ende des Monats März 1845 hinderte oberhalb Bughof bei Bamberg die Schifffahrt für wenige Wochen. Die Dämme der 93ten Kanalhaltung, welche 0,6 m höher angelegt sind, als das größte Hochwasser von 1784 ging, und mit starkem Pflaster geschützt waren, konnten den heftig andringenden Fluten nicht widerstehen. Sie wurden auf beiden Seiten an drei Stellen durchbrochen, in der Kanalsohle zeigten sich eingewühlte Vertiefungen von 7,9 m. Um den Wasserstand in dem schiffbaren Arm der Regnitz, in den dort der Kanal einmündet, zu regulieren, wird ein großartiger Grundablass mit drei Öffnungen von je 8,8 m Weite erbaut, durch den der Abfluss des Hochwassers befördert wird. Auch wurden die Anlände längs der Kanallinie vermehrt und einige Wendeplätze, um den Schiffen das Wenden außerhalb des Kanalhafens zu erleichtern, angelegt. An der Donau zunächst der Kanal-Ausmündung wird eine Schiffslände erbaut, am Nonnengraben in Bamberg sind Kaimauern, welche einen bequemen Landeplatz bilden.

Wassermangel ist auf der ganzen Kanallinie nicht zu befürchten, selbst einige regenarme Sommer hatten auf den Wasserstand nicht den gefürchteten Einfluss, für Speisewasser ist überall Vorsorge getroffen. Unter den Leitgräben nimmt besonders der des Ketten- und Gruberbachs die Aufmerksamkeit in Anspruch, indem er, der dem Kanal

STADT

Schleuse bei Forchheim.

einen nachhaltigen Zufluss gibt, auf der linken Seite desselben in einer Länge von 3,5 km sich ausdehnt und alle von den westlich liegenden Hügeln herabkommenden Quellen in sich aufnimmt. Er ist durch eine sich selbst öffnende Zugschütze gegen Beschädigungen eines plötzlich eintretenden Hochwassers geschützt, die Zugschütze ist in dem Stauwehr des Kettenbachs, der von da aus in einem 11,7 m tiefen Graben in das Tal des Grubertals geführt ist und sich mit diesem vereinigt. Weiter abwärts ist der Hausheimer-Leitgraben mit einer Einlassschleuse, er musste in einem schwierigen Terrain angelegt werden. Der Schwarzach-Leitgraben, der die Zuflüsse aus der Pilsach und aus einem Bach erhält, nimmt an der Einlassschleuse mittelst der vorhandenen Sperrvorrichtungen das ankommende Wasser nach Bedarf ganz oder teilweise auf, an diesem Leitgraben, der noch mehrere Bächlein aufnimmt, liegt die schon erwähnte Kunstmühle. Zwischen Sengenthal und Beilngries erhält der Kanal auf der östlichen Seite Wasser von mehreren Bächen und Quellen, in der Nähe von Mühlhausen, wo der Entenbach in die Sulz einmündet, sind Vorrichtungen, durch die Zufluss aus der Sulz in den Kanal kommt. Der nördliche Arm des Kanals erhält Speisewasser durch mehrere Bächlein, bei Erlangen ist eine Schütze zur Aufnahme von Wasser aus der hart neben den Kanal fließenden Regnitz.

An den Stellen, wo Nachhilfe und Ergänzungen nötig waren, wurde unermüdet gearbeitet, möglichst rasch wurde der Bau der Schleusen im Altmühltal gefördert, der Bau des eigentlichen Kanals konnte in allen seinen Anlagen und Zubehörungen im August 1845 als voll-

endet betrachtet werden und der sofortigen Eröffnung auf seiner ganzen Linie stand nichts mehr im Wege, da auch der Brückenkanal über die Schwarzach für die Schifffahrt hergestellt war.

Die für das Kanal-Monument bei Erlangen bestimmten kolossalen Standbilder, welche bei Oberau in der Nähe Kelheims aus dem schönen Jurakalkstein des Altmühltals ausgemeißelt worden waren, sollten den Kanal zuerst in seiner ganzen Länge befahren, ihre symbolische Andeutung sollte durch sie selbst Wahrheit werden. Am 25. August 1845 befuhren die Standbilder beleuchtet von Fackeln die hohen Aufdämmungen der obersten Haltung, mit Blumen bekränzt kamen sie am nächsten Tage, schon Tags zuvor von Tausenden in Nürnberg erwartet, im dortigen Hafen an, von wo sie am 27. August an ihren Bestimmungsort gebracht wurden.

Der Ludwigs-Kanal durfte als eine vollendete Wasserstraße betrachtet und der Schifffahrt übergeben werden, doch konnte diese für jetzt nur versuchsweise stattfinden, denn die Hindernisse in der Altmühl waren noch nicht ganz beseitigt und dann gebot schon die Klugheit, die oberste Haltung nur langsam zu füllen. Man ließ diese nur bis über 0,9 m anlaufen, daher konnten die Schiffe nicht tief gehen und nicht die volle Ladung erhalten. Die Eröffnung des ganzen Kanals wurde als Ereignis betrachtet. Der durch Gerüchte mancherlei Art wankend gewordene Glaube an das Unternehmen und seine endliche Durchführung erstarkte schnell, als Schiffe aus der Donau in Nürnberg erschienen und Grüße von den fernen mit ihm durch Wasserstraßen verbundenen Städten brachten.

Der Verkehr erhielt schnell einen Aufschwung, man verglich den Vorteil der Land- und Wasserfracht, erwog die in die Augen springenden Vorteile der letzteren und berechnete die Mittel zur vorteilhaftesten Benützung des neu eröffneten Handelswegs.

Die königliche Kanalverwaltung entwickelte große Tätigkeit, mit Umsicht löste sie die ihr gesetzte schwierige Aufgabe und überwand alle entgegentretenden Hindernisse, die sich bei dem Betrieb ergaben und die bei dem nun bedeutend erweiterten Geschäftskreis notwendig anfangs erscheinen mussten. Die Regelung des Dienstes war eine schwierige Arbeit, welche die verschiedenartigsten Instruktionen und Vorschriften für das aufgestellte Personal, dessen Funktion in allen seinen Verzweigungen und das Rechnungswesen umfasste. Bei der Einrichtung der Transportgeschäfte und deren Vermittlung ergaben sich hie und da Schwierigkeiten, die ihren Grund in lokalen Verhältnissen hatten. Wo durch schon bestehende Einrichtungen einzelne Interessen in Nachteil kommen, wurden befriedigende Auskunftsmittel gewählt. So erhielten die Differenzen mit dem Stadtmagistrat Nürnberg wegen der Ausdehnung der Schrannenordnung auf den dortigen Hafen dadurch ihre Erledigung, dass neben der gestatteten freien Bewegung des Getreidehandels auf dem Kanal gleichmäßig auch die städtischen Kommunal-Interessen die nötige Berücksichtigung fanden. Gleiche Einrichtungen zur Erleichterung des Getreideverkehrs wurden für Fürth getroffen.

Von dem Zeitpunkt an, wo der Ludwigs-Kanal teilweise eröffnet wurde, hat sich auf demselben ein überraschendes Steigen im Verkehr ergeben, und sobald die äußeren denselben noch hemmenden Hindernisse beseitigt sind, wird der Warenzug von Norden nach Süden und Osten bald wieder seine alte Straße wählen. Vom 1. Mai 1843 bis Juni 1845 bewegten sich auf dem Kanal 165 000 t, für welche die tarifmäßigen Gebühren nach Abzug des bewilligten Rabatts von 30 % errichtet wurden.

Der größere Teil der Ladungen bestand aus Kaufmannsgütern mit einem Gewicht von 60 000 t, Getreide wurden 23 500 t verfahren. Der Rest ist Holz und Steine. Es wurden durch die Einnahmen nicht nur die Kosten des Betriebs, sondern auch die des Ausschusses der Aktiengesellschaft gedeckt. Es gelang zwar den unausgesetzten Bemühungen der Staatsregierung, dass die Main-Zölle teils ganz aufgehoben, teils um die Hälfte ermäßigt worden, doch sind alle aus dem Rhein in den Main und von da mittels des Kanals in die Donau gelangenden Waren noch mit dem Transitozoll von Seite des Zollvereins belastet, eine Abgabe, die um so hemmender für die Schifffahrt ist, da die Güter in den verschiedenen Gebieten des Zollvereins eine abweichende Zollbehandlung erleiden. Die größtenteils städtischen Wasserzölle zwischen Neu-Ulm und Regensburg belästigen ebenso die Schifffahrt, doch ist die Aushebung derselben bald zu gewärtigen.

Der Schiffer Seelig, welcher mit seinem Fahrzeug den nördlichen Arm des Kanals von Bamberg nach Nürnberg zuerst bei der Eröffnung desselben für die Schifffahrt befuhr, war auch der erste, welcher aus dem Main Ladung nach Regensburg brachte. Die nächste Folge dieser Fahrt war die Einrichtung einer Rangschifffahrt zwischen Regensburg und Bamberg im nächsten Frühjahr. Obwohl die oberste Kanalhaltung

Partie im Theresienhain bei Bamberg.

nicht die normale Wassertiefe besitzt, so wurde sie doch von allen Schiffen ohne weiteren Anstand befahren, ebenso fand sich auch in der Altmühl durch die provisorischen Vorrichtungen kein hemmendes Hindernis vor. Die Frankfurter Aktiengesellschaft für die Dampfschlepp-Schifffahrt zwischen Rotterdam und Frankfurt richtete bei ihrem großartigen Unternehmen ihr Augenmerk auch auf den Ludwigs-Kanal, den sie zu einer unmittelbaren Verbindung mit den österreichischen Staaten zu benützen gedachte. Zu dem Ende wurde in Amsterdam ein eigens aus Eisen konstruiertes Schiff, das eine Tragkraft von etwa 85 t besitzt, mit 50 t befrachtet. Es fuhr am 18. Juni von Amsterdam ab und kam nach einem siebenzehntägigen durch die Zollverhältnisse herbeigeführten Aufenthalt zu Emmerich am 29. Juli in Nürnberg und am 8. August in Wien an. Es war nicht sowohl die Kürze der Fahrzeit (denn das Schiff brauchte von Amsterdam nach Wien eigentlich nur 34 Tage, wobei noch der damals herrschend ungünstige Wasserstand des Mains und der durch die neue Erscheinung an den Hauptlandeplätzen sich ergebend Aufenthalt in Anschlag zu bringen ist), was die Aufmerksamkeit der Handelswelt auf sich zog, sondern die Folgerungen, welche sich an diese Probefahrt knüpfen. Es war der Beweis gegeben, dass ein neuer Verbindungsweg mit Ländern eröffnet sei, deren Reichtum an Naturalien beim erleichterten Verkehr der Spekulation und dem Handel ein geöffnetes Feld biete. Hatte der Kanal in der kurzen Zeit seiner Benutzung schon einen bedeutenden Einfluss auf den Binnenhandel geäußert und namentlich eine überraschende Ermäßigung der Preise des Brennmaterials auf seinem nördli-

chen Arm hervorgerufen, so darf man jetzt auch sicher hoffen, dass er seinen weiteren Zweck im vollsten Sinne des Wortes erfüllen werde, und dass die Beförderung von Gütern nach dem Fernen Osten auf der gefahrlosen Wasserstraße in der nächsten Zeit eine schwunghafte Höhe erreichen werde.

Nach einer königlichen Bestimmung sollte der als vollendet zu betrachtende Ludwigs-Kanal am 1. Juli 1846 durch die Enthüllung des Kanalmonumentes am Burgberg bei Erlangen eröffnet werden. Vorher nahm eine Ausschuss-Kommission in Gemeinschaft mit der königl. Kanalbau-Inspektion eine genaue Besichtigung des Kanals vor.

Am 18. Mai 1846 schiffte sich die Kommission im Kanalhafen von Nürnberg ein. Der Nürnberger Kanalhafen 292 m lang fasst auf jeder Seite zehn Schiffe von 26,3 m Länge, eine Erweiterung des Hafen bis zu 117 m Breite steht in Aussicht.

Die Kommission fuhr am ersten Tag ihrer Fahrt nach Erlangen und besichtigte überall die Bauten und Dämme nebst dem Wasserstand, den man auf der ganzen Strecke bis Bamberg als normal fand. Überall hatte die Kommission Ursache mit dem Zustand des Kanals und den getroffenen Maßregeln gegen Hochwasser, die im Regnitztal für nötig befunden worden waren, besonders befriedigt zu sein.

Bei Erlangen ist oberhalb der Wehrmühle an der Kanalhaltung 79/81 und des Brückenkanals über den Rödelheim dem rechtsseitigen Ufer der Regnitz entlang ein 170 m langer Damm, der das Hochwasser ableitet. Bei Erlangen beginnt die Sektion Bamberg. Die beiden Arme der Wiesent hatten bei Forchheim eine Korrektion erlitten, das alte

Flussbett wurden aufgefüllt und urbar gemacht, weiter abwärts war das Kanalbett an der rechten Seite auf einer Länge von 102 m zu einer Breite von 47 m erweitert worden, der auf drei Seiten mit einer Steinböschung umgebene Raum dient zu einer Schiffs-Winterung. Der auf der linken Seite der Regnitz verlegte Ziehweg wurde von der Kommission genau besichtigt, freilich ist dort der Umstand, dass die Zugpferde bei Fahrten stromaufwärts zweimal auf eigens aufgestellten Fährten übergesetzt werden müssen, einigermaßen hemmend, doch wäre bei der Anlage auf dem rechten Ufer dem ursprünglichen Plan gemäß über das 117 m lange Wehr gegenüber von Bughof eine Brücke nötig gewesen, und Strömung, Hochwasser und Eisgänge wären gewiss der Schifffahrt dort in irgendeiner Weise von Zeit zu Zeit hemmend entgegengetreten. Am Nonnengraben, der statt eines Hafens dient, sind passende Maßregeln ergriffen, um die ungehinderte Aus- und Einfahrt in den Kanal und die Verladung der Schiffsgüter möglich zu machen. Der nötige Wasserstand ist durch die Zuflüsse am Walkerspund und den Hollergraben gesichert, der Nonnengraben kann sich daher nicht horizontal darstellen, bei einem kleineren Wasserstand wird durch Ausbaggern nachgeholfen. Das rechtsseitige Ufer des Nonnengrabens ist mit einer Kaimauer versehen, es dient in Verbindung mit dem Bergschen Wohnhaus samt Garten als Ein- und Auslandungsplatz und als Lagerhaus, die dadurch gebotenen Räumlichkeiten entsprechen dem Bedürfnisse. Über den sogenannten Geyerwörthsgraben wird noch eine Ziehwegbrücke (die jetzige von Holz erbaute ist nur intermistisch) gebaut, so wie auch die untere Stadtbrücke, wo am Kranen der Nonnengraben

oder die Anlage des Kanals ausmündet, einem Neubau entgegensieht. Der dort endende Ziehweg wird, um den Durchgang der Schiffe auch bei einem höheren Wasserstand zu sichern und einer Überschwemmung desselben auszuweichen, höher angelegt werden.

Am 23. Mai 1846 begann die Kommission die Besichtigung des vom Hafen zu Nürnberg südlich liegenden Teils des Kanals, indem sie aufwärts über den Schwarzachbrückenkanal durch die vielen hier nötig gewordenen Schleusen bis zur obersten Haltung fuhr. Der hohen Aufdämmung am Distelloch wurde besondere Aufmerksamkeit gewidmet, der linksseitige Teil derselben lässt keine Zweifel für seine Haltbarkeit zu, für den rechtsseitigen sind alle technischen Vorsichtsmaßregeln zur Abhaltung von Störungen für die Schifffahrt getroffen. Mehrere durch den Dammkörper getriebene Stellen dienen zur Ableitung der vorkommenden natürlichen Quellen und zugleich zur Trockenlegung des Dammkörpers, welchen Zweck eine große Anzahl von Sickerdohlen unterstützen. Am großen Durchlass, der wie auch die anderen Durchlässe der Teilungshaltung auf beiden Seiten mit Fußwegen versehen ist, zeigten sich einige Beschädigungen, verursacht durch die früheren Bewegungen des Dammes, doch sind diese nicht erheblich und der Durchlass kann leicht wiederhergestellt werden.

Als vollkommen fest stellte sich der Schwarzenbacher Damm dar, der nur einmal am 13. Juli 1843 sich bewegte und an beiden Seiten um 0,6 m sich senkte; der früher häufig unruhige Nesselbach-Damm ist seit 1½ Jahren zum völligen Ruhestand gelangt, seine Oberfläche zeigte sich trocken. Ebenso

Schleuse am Walckerspund in Bamberg.

lassen der Dörlbacher Einschnitt, über den eine 14,6 m hohe Brücke führt, und der Ölsbacher Einschnitt für die Schifffahrt nichts zu wünschen übrig, zu einiger Besorgnis geben die Ölsbacher Berghänge, wegen der an der Talseite sich wiederholenden Abrutschungen, Anlass, obwohl diese bis jetzt auf die Schifffahrt keine nachteilige Wirkung hatten. Zur Befestigung und Austrocknung des Dammkörpers wird ein anzulegender Stollen das Meiste beitragen. Unter dem Grubenbach-Damm, an dessen rechter Seite man noch die Spuren der früheren bedeutenden Abrutschungen bemerken kann, geht ein 125 m langer Durchlass, der wie auch der Durchlass unter dem Kettenbach-Damm, vollkommen ausgeführt ist. Die Dämme haben zwar die Normalbreite des Kanals nicht, doch ist dies kein Hindernis für die Schifffahrt. Vom Anfang der obersten Teilungshaltung auf der Nordseite bis zum Kanalhafen in Neumarkt sind 22 Sicherheitstore, die an den Stellen sich befinden, wo ein Durchbrechen der Kanalufer möglicherweise erfolgen könnte. Käme ein Durchbruch vor, so schließt das der offenen Stelle zuströmende Wasser durch seine Kraft die Tore und so wird die völlige Ausleerung des Wassers der ganzen Kanalhaltung verhindert, außerdem würde die in die Täler sich ergießende Wassermasse außer Berechnung liegende Vernichtungen anrichten.

Der normale Wasserstand in der obersten Kanalhaltung kann, da für Speisewasser mehr als zureichend Vorsorge getragen ist, leicht hergestellt werden, die Füllung darf, aus Vorsicht schon, nur langsam gesteigert werden, daher auch ein großer Teil des zufließenden Wassers durch die zu diesem Zwecke gebauten Grundablässe

der Schwarzach zugesendet wird. Die verschiedenen Bauwerke an Brücken, Durchlässen, Überfallwehren konnten die Kommission in jeder Beziehung befriedigen, so wie man auch bemerkte, dass die Haltungen von der Schleuse 22/25, wo die oberste Kanalhaltung schließt, sämtlich einen normalen Wasserstand hatten.

Von Plankstetten bis Beilngries fand man die lange Zeit zur Besorgnis Anlass gebende große Haltung zur normalen Höhe gefüllt, die vorgenommenen Arbeiten hatten der weiteren Durchsickerung des Kanalwassers Einhalt getan, die tiefer liegenden Grundstücke, sowie die zum Teil noch vorhandenen Gräben und Sickerdohlen zeigten sich trocken.

Die Kommission fuhr durch das Ottmaringer Tal und mündete bei Griesstetten in die Altmühl ein, wo sie die neubegründeten Bauten und Durchstiche besichtigte. Da die Flussstrecke zwischen Schellneck und Kelheim durch die ausgeführten Bauwerke vollständig kanalisiert ist, so darf zuversichtlich erwartet werden, dass auch die obere Strecke des Flusses nach Vollendung der nötigen Bauten eine gleiche Fahrtiefe, die durch Einsetzen einer größeren Anzahl von Stecken in das Stauwehr beliebig erhöht werden kann, ohne Nachteil zu bringen, erhalt; der von Zeit zu Zeit eintretende geringere Wasserstand der Altmühl kann unter den gegebenen Umständen auf die Schifffahrt nicht hemmend einwirken. Erhält die Altmühl noch einige Anlandungs- und Ladeplätze, wozu bereits die Voranstalten getroffen sind, wie bei Riedenburg, und ist der projektierte Landeplatz an der Donau noch hergestellt, so sind gewiss dem Verkehr alle Erleichterungen geboten, besonders da noch bei Beilngries, im Kelheimer Hafen und noch an einigen passenden Orten Lagerplätze und dazu gehörige Schuppen errichtet werden. Am 26. Mai hatte die Kommission ihr Reiseziel erlangt, die gemachten Beobachtungen und Bemerkungen wurden zu Protokoll gegeben, überall wurden von dem Vorstand der Kanalbauinspektion die genügendsten Aufklärungen und Zusicherungen gegeben, so dass eine gänzliche Beseitigung der meistens unbedeutenden Anstände in kurzer Zeit erwartet werden darf.

Der Nonnengraben in Bamberg.

⇛ *Nachtrag* ⇚

Im Frühjahr 1847 konnten alle in der Altmühl zur Regulierung des Wasserstandes erbauten Stauwehre für die Schifffahrt benützt werden. Von diesen neun Stauwehren werden zwei mit sogenannten Stecken, die unten an einer Grundschwelle oben am Wehrsteg ihren Stützpunkt haben, geschlossen, die anderen Wehre haben sogenannte Schützen, welche durch besondere Vorrichtungen aufgezogen werden, zwei steinerne Pfeiler und drei Öffnungen mit 8,8 – 9,6 m Weite bilden sie. Sie sind unterhalb der Flussstellen angelegt, welche nicht jederzeit die nötige Wassertiefe bieten, bei Hochwasser und dem Schluss der Schifffahrt werden sie ganz geöffnet, mit diesen Stauwehren sind teils unmittelbar Kammerschleusen verbunden, teils befinden sich letztere an dicht daneben angelegten kurzen Durchstichen. Durch die Schleusen passieren nun die Schiffe, nicht durch die Wehre, eine Einrichtung, die für praktischer gilt, als die früher angewandte, bei der die Schiffe mittels Aufziehung der Stecken durch die Wehre, wie dies gegenwärtig am Mühlwehr in Kitzingen stattfindet, gelassen werden.

Sämtliche Grundbauten des Ludwigs-Kanals bewähren die Solidität des Baues, nur wenige Schleusen bei Nürnberg erforderten vor Beginn der Schifffahrt 1847 unerhebliche Reparaturen an den Toren, die dem gewaltigen Wasserdruck ausgesetzt notwendig von Zeit zu Zeit vorkommen müssen. Die nötigen Ausbesserungen an den Schleusen im Ottmaringer Tal betrafen ebenfalls nur Schleusentore, die von dem Bauunternehmer, welcher ihre Ausführung unternommen hatte, nicht mit der nötigen Umsicht gebaut worden waren. Die Gründung der Schleusen war dort um so schwieriger, da der Boden teilweise sumpfig ist.

Die Bedeutsamkeit des Ludwigs-Kanals tritt mehr und mehr hervor, je größer die Handelsverbindung mit dem Osten wird und der Verkehr auf der Donau belebter wird. Nicht allein das materielle Interesse kommt dabei in Anschlag, sondern man darf darin auch eine Bürgschaft erblicken, dass mit der Zeit eine Annäherung des diesseitigen und jenseitigen Zollsystems erfolgen werde. Der Gesamtverkehr auf der Donau zwischen Bayern und den ihm östlich liegenden Ländern mag für 1840 auf 25 000 t sich berechnen. Die Wichtigkeit desselben liegt darin, dass die Einfuhr nur aus Rohprodukten, die Ausfuhr aber aus Industriegegenständen besteht, welche nach der unteren Donau gehen. Es ist dies ein Fingerzeig, mit allen Kräften für die Erweiterung des Handels nach jenen Gegenden zu wirken. Die Korrektion der Donau, so weit dieser Fluss Bayern angehört, zum Teil nicht ausreichend zum Teil nicht mit erschöpfender Umsicht ausgeführt, soll durchgreifende Verbesserungen erhalten, die neuen Pläne dazu sind bereits in Arbeit genommen. Die Unterhandlungen mit den benachbarten Staaten wurden deshalb schon vor längerer Zeit eingeleitet, so wie man auch die Aufhebung der Flusszölle zu bezwecken sucht.

Das auf Kosten der Frankfurter Aktiengesellschaft für Rhein- und Maindampfschifffahrt im Sommer 1840 durch das eiserne Schiff ›Amsterdam und Wien‹ ausgeführte Unternehmen, die Möglichkeit einer direkten Verbindung beider Städte mittels des Ludwigs-Kanals faktisch zu beweisen, hat in Wien die größte Aufmerksamkeit erregt und die Privattätigkeit des Handelsstandes erweckt. Und welche Aussichten öffnen sich nicht für die Zukunft, wenn der vielbesprochene Durchstich des Isthmus von Suez ausgeführt wird, wozu der Umstand drängt, dass der Handel sich den älteren und kürzeren Weg nach Ostindien zu bahnen sucht! Es ist zu wünschen, dass es den hauptsächlich von Triest ausgehenden Bemühungen gelingen möchte, die sich entgegenstellenden politischen Hindernisse zu besiegen.

Der Ludwigs-Kanal erhielte durch den Durchstich der Landenge eine Bedeutung, welche vom jetzigen Standpunkte aus über aller Berechnung liegt. ❐

KARTE
und
Längenprofil
des
LUDWIG KANALES
(zu dem Werke:)
Pittoreske Ansichten
des
LUDWIG KANALES
von
Alex. Marx.

LÆNGEN-
Länge von der Donau bei Kelheim bis in die Regnitz
Maaßstab der Längen
Fuß

Heilsbronn
Lichtenau
Windsbach
Schwabach
Roth
Spalt
Allersberg
Hilpoltstein
Heideck
Pleinfeld
Absberg
Freistadt
NEUMARKT
Lahr
Altdorf
Feucht
Wendelstein
Pyrbaum
Stauf
Deining
Greding
Berching
Beilngries
Dietfurt
Riedenburg
Kinding
Kipfenberg
Eggersberg
Schambach
Neustadt
Abensberg
Weltenburg
Affecking
KEHLHEIM
Donau
Teufelsmauer
Nordgau
Frank. Rezat
Schwab. Rezat

Mühlbach
Rublingshof
Burgthann
Schwarzenbach
Dörlbach
Unt. Oelsbach
Gruberbach
Kettenbach
Berg
Richtheim
Holzheim
Neumarkt
Seizenmühle
Mühlhausen
Wegscheid
Berching
Blankstetten
Geßelthal
Beilngries
Ottmaring
Dietfurt
Meihern
Eggersberg
Gundelfing
Haidhof
Riedenburg
Neuenkehrsdorf
Prunn
Pilhausen
Neueßing
Altessing
Schelneck
Oberau
Gronsdorf
Kelheim
Donau

117,220'
99,600'
82,015'

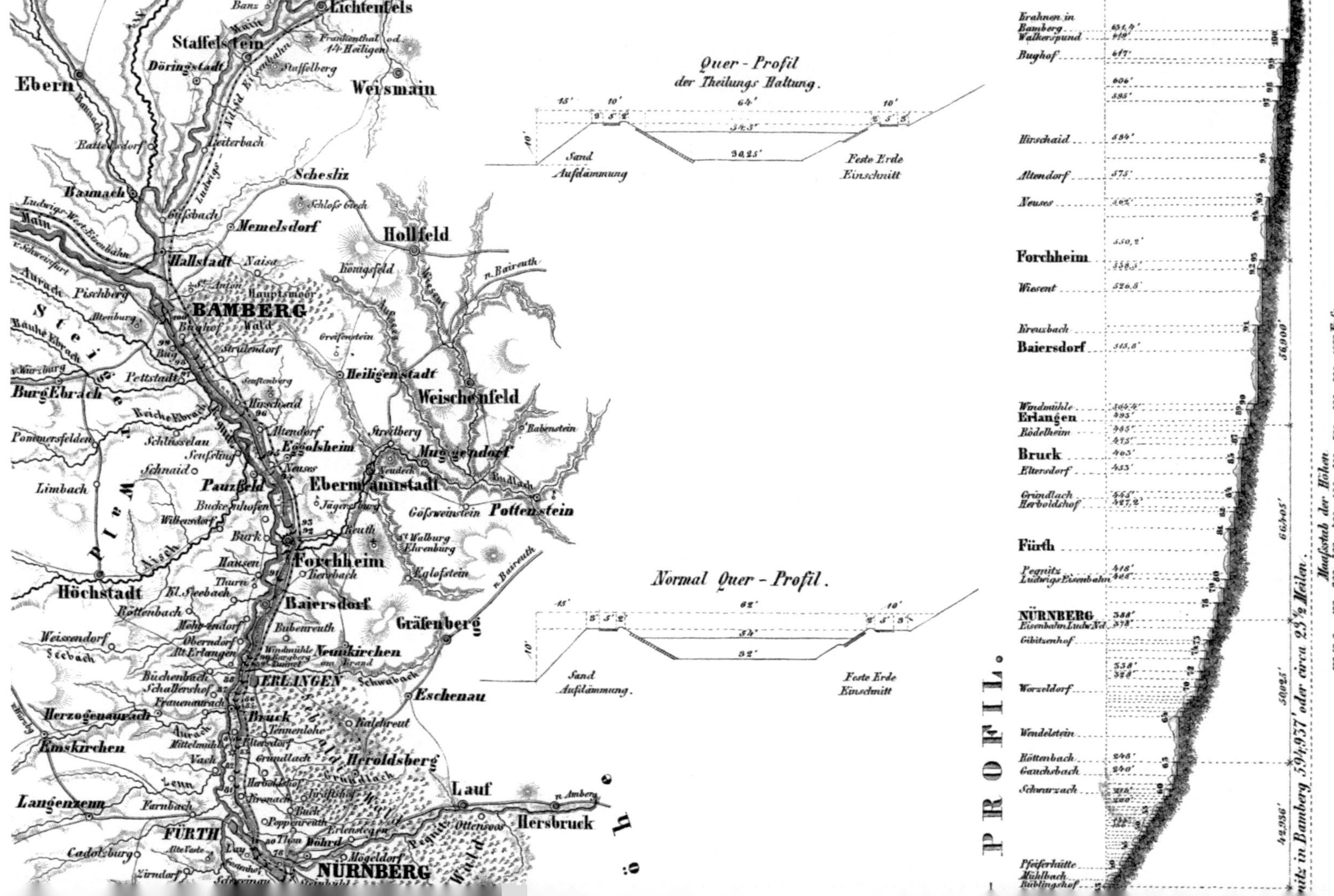

Ebern
Staffelstein
Lichtenfels
Döringstadt
Weismain
Baunach
Scheslitz
Memmelsdorf
Hollfeld
Hallstadt
BAMBERG
Königsfeld
Heiligenstadt
Weischenfeld
Burg Ebrach
Pommersfelden
Pautzfeld
Ebermannstadt
Muggendorf
Gössweinstein
Pottenstein
Höchstadt
Forchheim
Baiersdorf
Gräfenberg
Neunkirchen
Weissendorf
ERLANGEN
Bruck
Eschenau
Herzogenaurach
Heroldsberg
Emskirchen
Lauf
Hersbruck
Langenzenn
FÜRTH
NÜRNBERG
Cadolzburg

Quer - Profil
der Theilungs Haltung.
15'   10'   64'   10'
Sand Auflämmung.
Feste Erde Einschnitt.

Normal Quer - Profil.
15'   62'   10'
Sand Auflämmung.
Feste Erde Einschnitt.

PROFIL.
Erhoben in Bamberg   451,4'
Walkerspund   449'
Bughof   417'
Hirschaid   584'
Altendorf   575'
Neuses   562'
Forchheim   550,2' / 558,5'
Wiesent   526,8'
Kreuzbach
Baiersdorf   515,8'
Windmühle   444,4'
Erlangen   495'
Rödelheim   475'
Bruck   463'
Eltersdorf   453'
Gründlach   465'
Herboldshof   427,2'
Fürth
Pegnitz   418'
Ludwigs Eisenbahn   465'
NÜRNBERG   388'
Eisenbahn Ludw. Nd.   378'
Gibitzenhof
Worzeldorf   358' / 360'
Wendelstein
Röttenbach   248'
Gauchsbach   240'
Schwarzach
Pfefferhütte
Mühlbach
Rüblingshof

Maaßstab der Höhen
100 50 0   100   200   300   400   500   600   700   800   900   1000 Fuß.
42,936'   50,025'   66,405'   56,900'
...nitz in Bamberg 594,937' oder circa 23½ Meilen.

Fritz Eiselen · Albert Hofmann
Die elektrische Hoch- und Untergrundbahn in Berlin

Mit der Eröffnung der Berliner Hoch- und Untergrundbahn am 18. Februar 1902 fanden zehn Jahre Planung und Bau der ersten deutschen U-Bahn ihren vorläufigen Abschluss. Die damaligen Redakteure der Deutschen Bauzeitung Fritz Eiselen und Albert Hofmann schildern die Arbeiten aus Sicht der Ingenieure und Architekten. Dabei gehen sie nicht nur auf die technischen Aspekte ein, sondern widmen sich auch der künstlerischen Ausgestaltung der Strecke und der Bahnhöfe. Zahlreiche Fotos und Zeichnungen illustrieren dieses Zeitdokument der Berliner Verkehrsgeschichte. **• ISBN 978-3-7528-9695-4**

Friedrich Gerlach
Die elektrische Untergrundbahn der Stadt Schöneberg

Die 1910 eröffnete Untergrundbahn der damals noch selbstständigen Stadt Schöneberg war nicht nur die zweite U-Bahn in Deutschland, sie setzte auch neue Maßstäbe bei der Baulogistik und viele Verfahren der ›Berliner Bauweise‹ wurden hier zum ersten Mal angewendet. Dem Verfasser dieses Buches, Stadtbaurat Friedrich Gerlach (1856 – 1938), oblag die oberste Leitung für das Projekt der Schöneberger Untergrundbahn und so erfährt der Leser aus erster Hand, wie die Strecke geplant und gebaut wurde. Über 120 Zeichnungen und Fotos illustrieren dieses Zeitdokument der Berliner Verkehrsgeschichte. **• ISBN 978-3-7519-1432-1**

Bernhard Hoppe
Mit dem Käfer in die Alpen
Reise-Tagebücher 1961 – 1963

Dank des Wirtschaftswunders war es am Anfang der 1960er Jahre für fast jedermann möglich, in den Urlaub zu fahren. Selbst ›exotische‹ Ziele wie Österreich oder Italien konnte man sich leisten. Die Kost war noch regional, aber für einen gelungenen Urlaub genauso wichtig wie heute. Dieses Buch führt in eine Zeit, in der Massentourismus noch unbekannt war und warmes Wasser noch nicht selbstverständlich. Rund 150 Fotos illustrieren dieses authentische Zeitdokument. **• ISBN 978-3-7519-3741-2**

Schmiedekunst und Glockenguss
Eine Zeitreise durch 300 Jahre Metallhandwerk

Eine Zeitreise in Originaldokumenten durch die Geschichte des Metallhandwerks vom späten 16. bis ins 19. Jahrhundert. Viele heute vergessene Techniken, Werkzeuge und Produkte werden wieder lebendig. Zahlreiche historische Holzschnitte und Kupferstiche zeigen die Werkstätten und Arbeitsweisen der vergangenen Zeit. **• ISBN 978-3-7543-8430-5**